新型职业农民培育系列教材

农民素养与现代生活

◎ 黎奕芳　徐耀辉　孙福华　主编

中国农业科学技术出版社

图书在版编目（CIP）数据

农民素养与现代生活／黎奕芳，徐耀辉，孙福华主编．—北京：中国农业科学技术出版社，2016.10

ISBN 978-7-5116-2789-6

Ⅰ.①农…　Ⅱ.①黎…②徐…③孙…　Ⅲ.①农民-素质教育-中国　Ⅳ.①D422.6

中国版本图书馆 CIP 数据核字（2016）第 244476 号

责任编辑　白姗姗
责任校对　贾海霞

出 版 者　中国农业科学技术出版社
北京市中关村南大街 12 号　邮编：100081
电　　话　(010)82106638(编辑室)　(010)82109702(发行部)
(010)82109709(读者服务部)
传　　真　(010)82106650
网　　址　http://www.castp.cn
经 销 者　各地新华书店
印 刷 者　北京富泰印刷有限责任公司
开　　本　850mm×1 168mm　1/32
印　　张　7.625
字　　数　198 千字
版　　次　2016 年 10 月第 1 版　2016 年 10 月第 1 次印刷
定　　价　32.90 元

《农民素养与现代生活》

编　委　会

前　言

职业农民是新农村建设的主体，职业农民素养的高低直接影响到我国新农村建设的进程。只有不断地提高职业农民整体素养，培养有文化、懂技术、会经营的新型职业农民，才能提高劳动力就业率，增加职业农民收入，繁荣农村经济，扎实有效地推进新农村建设。

职业农民是建设新农村的主体，职业农民素养的高低直接决定着新农村建设的步伐，是构建和谐社会的重要一环，也是影响我国经济和社会持续发展的重要因素。因此，建设新农村最本质、最核心的内容和最为迫切的要求，就是要培育出一大批高素养的新型职业农民。

本书共 17 个模块，内容包括引导农民建新农村过新生活、新型职业农民与农民素养、新型职业农民政治素养、新型职业农民民主素养、新型职业农民法律素养、新型职业农民文化素养、新型职业农民科学素养、新型职业农民信息素养、新型职业农民创业素养、新型职业农民卫生素养、新型职业农民礼仪素养、美化乡风民风、形成优良家风、文明乡风、新乡贤文化、美化农村人居环境、繁荣农村文化等内容。

本书围绕大力培育新型职业农民，以满足职业农民朋友生产中的需求。书中语言通俗易懂，技术深入浅出，实用性强，适合广大新型职业农民、基层农技人员学习参考。

编　者

2016 年 9 月

目　　录

模块一　引导农民建新农村，过新生活

我国众多的人口在农村，我国广袤的土地在农村，我国最大的生态屏障在农村，我国的经济发展潜力在农村。绿色经济需要农村广阔的天地，新农村建设要靠绿色经济得以实现。

第一节　新农村建设的概念

建设新农村，事关全面建设小康社会和社会主义现代化建设全局。要把解决“三农问题”放在各项战略任务的首位。就必须强调坚持统筹城乡社会经济发展，按照生产发展、生活宽裕、乡风文明、村容整洁、管理民主的要求，扎实稳定地推进新农村建设。

新农村建设是指在社会主义制度下，按照新时代的要求，对农村进行经济、政治、文化、社会和法律建设，最终实现把农村建设成为经济繁荣、设施完善、环境优美、文明和谐的新农村目标。

新农村经济建设主要指在全面发展农村生产的基础上，建立农民增收长效机制，千方百计增加农民收入。新农村政治建设主要是指在加强农民民主素养教育的基础上，切实加强农村基层民主制度建设和农村法制建设，引导农民依法行使自己的民主权利。新农村文化建设主要是指在加强农村公共文化建设的基础上，开展各种形式的体现农村地方特色的群众文化活动，丰富农民群众的精神文化生活。新农村社会建设主要是指在加大公共财政对农村公共事业投入的基础上，进一步发展农村的义务教育和职业教育，加强农村医疗卫生体系建设，建立和完善农村社会保障制度，以期实现农村幼有所教、老有所养、病有所医的愿望。新农村法律建设主要是指在经济、政治、文化、社会建设的同时，大力做好法律宣传工作，按照建设新农村理念完善我国的法律制度。进一步增强农民法律意识，提高农民依法维护自己合法权益，依法行使自己合法权利的觉悟和能力，努力推进新农村整体建设，建设新农村必须依法进行，把保障农民利益的相关制度用法的形式确定下来，是依法推进新农村建设的必然要求。尽管宪法和法律对公民的权利和利益做出了许多规定，但是在具体法律制度方面，尤其涉及农民切身利益法规制度方面还需大力加强，所以国家高度重视农村的法制教育与宣传工作，努力提高广大农民的法律意识。

第二节　新农村建设的指导思想和原则

一、建设新农村的指导思想

建设新农村，牢固树立和全面落实科学发展观，统筹城乡社会经济发展，把解决好“三农”问题放在各项战略任务的首位。建设新农村的指导方针是：实行工业反哺农业，城市支持农村和“多予少取放活”的方针，协调全面推进新农村建设。

二、建设新农村的原则

（一）理论指导政策落实

建设有中国特色社会主义理论是我党各项工作的理论指导，也是建设新农村的理论指导。建设新农村就是要根据中国国情把占我国人口绝大多数农民的生产、生活等各方面问题搞好，它关系到我国四化建设和小康目标的顺利实施。为此党中央时时刻刻想着农民，出台了一系列强农惠农政策，各级领导要把党的温暖送到农村千家万户。

（二）经济为中心整体推进

建设新农村重中之重是大力发展农村经济，它关系到我国的粮食安全、农民增收的大问题。搞好农村的经济建设可以为新农村建设提供大量丰富的物质基础，对提高新农村建设的质量和标准起到重要的保证作用，发展经济是新农村建设的前提基础。在此基础上，进一步完善农村的基础设施建设，搞好精神文明建设、美化环境，抓好农村教育、文化、卫生建设，做好农村的综合配套改革工作，全方位推进新农村建设，开创新农村建设的新局面。

（三）决策民主以人为本

新农村建设和每个农民关系密切，农民是新农村建设的主力军，新农村建设也关系到每个农民的切身利益，各级领导要经常深入农村的田间地头和广大农民打成一片，时刻想着农民的冷暖安危，了解农民所想、所做和所需，才能为农民办实事、办好事，做到以人为本。各级领导要坚持民主决策，在新农村建设中的每一项重大决策，都要广泛征求和听取多数农民的意见，充分调动农民的积极性，提高决策的正确性，帮助广大农民走上致富的康庄大道，使新农村建设沿着健康轨道运行。

（四）稳健推进　讲究实效

建设新农村是一个系统工程，涉及方方面面的工作，因此，新农村建设要一步一个脚印，扎扎实实稳步推进。切忌跟风、攀比和搞形式主义的花架子，要力求新农村建设的高标准、高质量和高效益，让广大农民真正从中受益。

（五）因地制宜　突出特色

中国地域辽阔、民族众多、各具特色，并且东部和西部的经济发展也参差不齐，所以新农村建设要因地制宜，突出特色，决不能搞千篇一律的统一模式，也不能搞一刀切，而是要突出地域特色、民俗风情、传统习惯和资源优势，在此基础上还要与时俱进、创新发展，把新农村建设的异彩纷呈。

第三节　建设新农村的基本要求

建设新农村的基本要求是“生产发展、生活富裕、乡风文明、村容整洁、管理民主”。

一、生产发展

提高农业生产力，是新农村建设的首要任务。完善农业基础设施建设，不断增强农业抵御自然灾害的能力。调整和优化农业产业结构，在保障粮食安全的情况下，逐步增加林、畜、渔业在农业中所占的比重，大大提高农业的整体效益。调整和优化农产品结构，大力发展安全、优质、高效的绿色农产品，化解农业低效和卖难问题，促进农民稳定持续增收。转变粗放的农业发展方式为集约的农业发展方式，推进农业的规模化和产业化水平，用现代的工业化理念来谋划农业，用先进的装备来武装农业。促进产、学、研紧密结合，要理论联系实际，勇于探索，不断创新，加快科研成果的转化速度，提高农业的科技含量，农业的高科技正在成为发展现代农业的有力支撑。

二、生活富裕

农民有权享受富裕的生活。目前我国经济繁荣、社会稳定、经济基础雄厚，已具备实施“工业反哺农业、城市支持农村和多予、少取、放活”的方针。为此，中央连续出台强农、惠农的各项政策，从各方面为农民增收创造条件，全方位拓宽农民增收渠道是农民达到生活富裕的前提条件。各级政府及社会相关部门要八仙过海各显其能，从技术方面、岗位方面、资金方面等为农民就业创造方便条件。例如，农业、乡镇企业、农产品加工、商贸物流、建筑工地等都是农民增收致富的工作岗位。要避免打白条、欠薪、危害身体健康等事件的发生，不但让农民就业，还要让他们长期稳定的就业，并且收入有保证，权益无伤害。

三、乡风文明

乡风文明，是新农村建设的一项重要内容，是搞好物质文明建设的必要条件。乡风文明是要搞好精神文明的宣传教育活动，大力提倡讲文明、树新风、保环境、促和谐；树立正确的人生观、道德观、价值观，发扬中华民族的传统美德，尊老爱幼；遵守国家的法律法规依法种田，提供安全、放心的农产品，确保消费者的身体健康；开展丰富多彩的文化娱乐活动，例如，开设图书屋，根据农民所需，举办各种讲座，解决其生产生活中的各种问题，全方位提高农民的各方面素养和各种能力，成为懂技术、善经营、会管理全面发展的新型农民。

四、村容整洁

新农村建设要整体规划、科学布局。加快农村生活设施建设，解决饮水安全、危房改造等问题，搞好污水垃圾治理，让村屯卫生没有死角；完善农村公共设施建设，早日实现村村通路、通电、通邮、通电视、通网络；大力推广清洁能源，可根据各地的实际情况把沼气、秸秆气化、太阳能等作为农村的主要生活能源，并以此推动农村的改水、改圈、改厕、改厨项目，从源头上彻底解决农村环境的脏乱差问题。

五、管理民主

农民是新农村建设的主体，调动农民的积极性尤为重要。民主管理就是改变过去的权威管理和绝对服从，而改善干群关系的一种重要途径。村务公开、一事一议、村民自治都是民主管理的有效形式，对村内做出的重大决策要广泛征求村民的意见，充分考虑他们的建议，认真对待反对意见，提出妥善解决措施，如果多数村民持反对意见，则坚决修改或撤销该决策，维护村民的民主权利，保护村民的利益不受损害。

第四节　新农村建设的重大意义

新农村建设是党中央做出的一项英明决策，对于彻底解决“三农”问题，改变农村的落后面貌，推进现代农业建设有着十分重要的意义。

一、实现社会主义现代化的必然选择

农业现代化是社会主义现代化的重要组成部分。农业现代

化是指从传统农业向现代农业转化的过程和手段。在这个过程中农业日益用现代化工业、现代科技和现代经济管理方法武装起来，使农业由落后的传统农业日益转化为当代世界先进水平的农业。实现了这个转化过程的农业就叫农业现代化，农业现代化是一种过程，农业现代化又是一种手段。

目前，我国实现社会主义现代化的难点是农业，农业现代化滞后是制约我国社会主义现代化实现的瓶颈。为此，党中央提出建设新农村的英明决策，吹响了向农业现代化进军的号角，我们要紧紧抓住这一有利时机，用现代工业化的思维谋划农业、用绿色环保理念发展农业、用先进的技术设备武装农业、用规模化产业化经营农业、用准确适用的信息服务农业，不断提高农业生产力水平和综合生产能力，早日步入世界农业强国的行列，实现社会主义现代化。

二、全面建设小康社会的战略需要

“小康社会”是由邓小平在20世纪70年代末80年代初在规划中国经济社会发展蓝图时提出的战略构想。随着中国社会主义建设的深入，其内涵和意义不断得到丰富和发展。在20世纪末基本实现“小康”的情况下，中共“十六大”明确提出了“全面建设小康社会”的目标。中共“十七大”报告在此基础上提出了新的更高要求。其中首要一点就是增强发展协调性，努力实现经济又好又快的发展。全面建设小康社会的目标符合民心顺应民意，内容十分丰富全面。实现经济又好又快的发展是全面建设小康社会的首要任务，是其他目标得以实现的物质基础和前提条件。我国是一个有9亿农民的农业大国，农业经济发展水平如何决定我国经济发展的整体水平，全面建设小康社会目标的最艰巨、最繁重的任务在农村。农村经济的发展和繁荣是我国实现全面建设小康社会目标的重要基石。因此，发展农村经济既是建设新农村建设的首要任务，也是全面建设小康社会的战略需要。

三、解决“三农”问题的有效途径

新农村建设的内容十分丰富，具有针对性和实际操作性，是指导我国新农村建设的纲领性文件，它涵盖了“三农”问题的方方面面，随着新农村建设的逐步推进，解决“三农”问题的力度正在逐步加大，已初见成效。实现建设新农村的基本要求：生产发展、生活富裕、乡风文明、村容整洁、管理民主，“三农”问题必将迎刃而解。建设新农村建设是解决“三农”问题的有效途径。

四、构建和谐社会的前提条件

农业是国民经济的基础，农民是粮食安全的忠诚卫士。可农业确是一个社会效益高而自身效益低的产业，农业发展相当缓慢，未改变靠天吃饭的传统，抵御自然灾害的能力相当薄弱，农业仍是一个比较脆弱的产业。几十年以来，农民艰苦奋斗、无私奉献，用辛勤的劳动和滴滴汗水换来了我们社会主义社会的经济和各项事业的繁荣昌盛，确保了社会主义社会的和谐稳定，农民是我们的衣食父母。可是目前我国城乡之间、地区之间、人与人之间的贫富差距在扩大，公平、正义出现了一定的偏差，尤其农民的付出与收入不成比例，长期下去，必将影响农民种粮的积极性，对致富奔小康的目标也失去了信心，必然把精力用在其他方面。例如，不务正业、搞歪门邪道、赌博、封建迷信、坑蒙拐骗、打架斗殴等，一些不和谐的因素在农村有所抬头，影响了我国安定团结的大好局面。

统筹城乡社会经济发展，实行工业反哺农业、城市支持农村和“多予少取放活”的方针，重点在“多予”上下工夫，是新农村建设的基本方针，是缩小城乡差距的有效方法，并在连续出台的“中央 1 号文件”上得到了落实。例如，2016 年的“1 号文件”要求加大对“三农”投资的力度，总量持续增加，比例稳定提高；粮食综合直补种类增加，数量加大，而且提前发放；农机补贴力度加大，家电下乡最高限额提高，全方位确保财政支出优先支持农业、农村发展。可以说2016年“1号文件”在惠农措施上做足了文章，及时兑现了承诺，给农民带来了实实在在的利益，逐步缩小了城乡差距，极大调动了农民发展生产的积极性，消除了农村不稳定的因素，为构建和谐社会打下了坚实的基础。

五、扩大内需保证我国经济持续发展的动力

在外需不畅的情况下，党中央及时调整需求结构，变外需为主为内需为主，把农村作为拉动内需的最大消费市场。由于农村人口众多，农民收入持续增加，而且大件耐用消费品占有率相对较低，具有较大的需求空间。为了鼓励农民消费，中央还出台了家电下乡、农机补贴、汽车以旧换新等一系列惠农措施，农民可以从中得到几百元到几万元的优惠。

第五节 新农村建设引导新农民过上新生活

全国启动了乡村文明行动，提出以村容村貌建设、村风民俗建设、乡村道德建设、生活方式建设、平安村庄建设、文化惠民建设为重点，全面提高农民思想道德文化素养和农村社会文明程度，努力建设富裕文明、和谐安定、生态良好、环境优美的社会主义新农村。乡村文明行动开展3年以来，全国各地积极行动，创新工作思路和工作方法，以乡村文明行动为总抓手推动新农村建设步伐，以新农村建设成果来检验乡村文明行动进程，广大农村文明程度和农民群众生产生活水平得到显著提高。

一、农村环境更加整洁美观

现在，大多数农村建起垃圾池或垃圾集中堆放点，相当一部分农村有了专职清洁工人。有些农村在党员、干部带动下，组织起来清除掉严重影响村容村貌和村民生产、生活的草堆、粪堆、土（石）堆，并以此为契机，修建村内排水设施，栽植绿树花草。每天自觉清扫院内及自家房前屋后道路，已经成为

越来越多农民的自觉行动。

二、村风民俗更加健康文明

各地农村纷纷成立红白事理事会，倡导农民俭办婚事、厚养薄葬，更多的农民认识到花钱大操大办红白事的危害，把更多的资金用在发展生产、加快致富步伐上，放在改善生活质量上。

三、农民道德更加高尚

各地在开展乡村文明行动中，以评选好媳妇、好婆婆、道德模范等为载体，培养农民的道德自觉，农村诚实守信、孝老敬亲、邻里和睦蔚然成风，农民整体道德素养在不断提高。

四、生活方式更加科学健康

各地采取举办讲座、进村宣传、发放材料等方式，积极引导农民生活方式讲科学，越来越多的农民扔掉了世代流传的、曾被认为对身心无大危害的陋习，养成健康文明的生活习惯和方式。

五、社会秩序更加平安稳定

各级政府和有关部门积极行动起来，严厉打击涉农犯罪，维护农村良好的社会治安秩序，为农民的生产、生活提供安全宁静的环境。广大农民学法用法守法，农村正气得以弘扬，歪风邪气难以立足。

六、精神生活更加丰富多彩

各地农家书屋建设不断完善，相当一部分农民养成了读书看报的好习惯；送电影、送戏曲活动层出不穷，农民在家门口就能享受到丰富的文化生活。绝大多数农村建起了文化健身广场，曾经只知劳作的农民，在早晨傍晚来到广场，跑步、跳舞、唱歌；相当一部分村庄有了农民文艺演出队，农民把身边事编成节目演出，在自娱自乐中提高着全村人的精神境界。

模块二　新型职业农民与农民素养

在农村，没有新型农民，就没有新农村；没有农民素养的现代化，就没有农村的现代化。在建设新农村的大背景下，新型农民培育是新农村建设最本质、最核心的内容，也是最为迫切的要求。提高农民的文明素养是增强农村改革发展的内在动力和提升农业农村综合竞争力的关键所在。我们要大力加强职业农民素养教育，营造以人为本的科学发展环境、人尽其才的人才环境、团结奋进的人文环境、稳定和谐的社会环境、诚实守信的市场环境、文明美好的生活环境，促进农村生产力的发展，为提高农民的物质文化生活水平奠定坚实的基础。

第一节　新型职业农民的概述

一、农民与新型职业农民

农民的概念有广义和狭义之分。世界粮农组织对农民的定义为“占有或部分占有生产资料，靠从事农业劳动为生的人”；《辞海》中农民的定义是“直接从事农业生产的劳动者”；《现代汉语大词典》对于农民是这样解释的：“在农村从事农业活动的劳动者”。以上这些都是狭义的或一般意义上的农民定义。在中国，由于城乡二元经济社会结构和城乡两种户籍身份的长期存在，农民不仅是指直接从事农业生产的农业劳动者，也是泛指相对于城市居民而言的农业户籍的农村居民社会群体。

新型农民是新农村建设中提出的特定称谓。党的十六届五中全会通过的《中共中央关于制定国民经济和社会发展第十一个五年计划的建议》中把培养有文化、懂技术、会经营的新型农民作为新农村建设的重要内容和任务。由于农民的概念有广义和狭义之分，因此在实践中新型农民也有广义和狭义的理解。狭义的新型农民就是指适应现代农业发展要求的新型的现代农业经营主体；广义的新型农民就是指适应农村分工分业要求的、具有现代文化科技知识和文明素养的、农业户籍的农村劳动者。它既包括职业农民、农场主、农业企业经营者，也包括从事二、三产业的农村劳动力和农村创业人员等。

二、新型职业农民的基本内涵

作为新农村建设的主体和主力军，新型农民是相对于素养不高的传统农民而言的，泛指具备现代化素养的新农民群体。中央《关于制定国民经济和社会发展第十一个五年计划的建议》提出的新型农民的基本要求是“培养和造就有文化、懂技术、会经营的新型农民。”在这里，“有文化”“懂技术”“会经营”是对新型农民基本素养要求的高度概括，三者之间存在着密切联系。其中，“有文化”是对新型农民的文化教育和知识水平的基本要求，是新型农民素养的基础，也是实现的前提；“懂技术”是对新型农民的科学技术水平和生产与创业技能的总体要求，是新型农民素养的关键；“会经营”是对新型农民经营能力和管理水平的新要求，是新型农民适应社会主义市场经济，提高市场竞争力的重要因素。从文明素养的角度来讲，有文化、懂技术、会经营的新型农民就应该是具有全面的文明素养的“讲文明”的新型农民。在新农村建设中，我们必须加快把传统农民培养成为有文化、懂技术、会经营、讲文明的新型农民，让他们成为农村生产发展的促进者、生活宽裕的先行者、乡风文明的模范者、村容整洁的实践者和管理民主的推动者。

“有文化”是对新型农民的文化素养提出的基本要求，也是提升职业农民素养的基础条件。新农村建设需要农民具有较高的文化知识和基本文化能力。为此，要让农民普遍地接受高质量的义务教育和基础教育，不仅要能说会写，具有相应的文化知识基础，同时具有先进的人文思想，科学的发展理念，健康的生活观念，具备一定的法律知识和民主意识，能依法办事，崇尚科学，勤劳致富。只有具备与现代化进程相适应的文化素养的新型农民，才能在新农村建设中发挥好主力军作用。

“懂技术”是对新型农民掌握技能技术的总体要求，也是职业农民素养提高的重要标志。新农村建设需要农民具有基本的科学素养，掌握和善于应用科学技术知识、先进实用技术、现代生产技能，包括现代农业种植、养殖技能、农产品加工经营技能及专项职业技能等，并能熟练掌握一至多项从事现代农业和农村生产的技能和技巧，实现科学种田、养殖和从事其他生产活动。只有具备与现代农业相适应的技能技术的新型农民，才能在新农村建设中充当排头兵。

“会经营”是对新型农民适应社会主义市场经济提出的新要求，也是职业农民素养水平的综合反映。新农村建设需要农民适应市场经济，具有一定市场意识和参与市场竞争的能力。这不仅包括观察能力、应变能力、风险承担能力、组织能力、创新能力、科技信息与市场信息获取的能力，同时还应具有一定的经营管理素养。只有具备与社会主义市场经济相适应的经营管理能力的新型农民，才能成为新农村建设的领头人。

“讲文明”是对有文化、懂技术、会经营的新型农民的文明素养的高度概括，也是对新型农民提高文明素养水平的总体要求。就是要把全面提高农民的文明素养作为培育新型农民的一项具有重大现实意义和长远意义的战略性举措，致力于培养具有与农村“四个文明”建设相适应的，具备良好的政治、法制、民主、文化、道德、礼仪、科学、创业、卫生、生态等社会主义文明素养的新型农民，使他们切实承担起新农村建设主人翁与主力军的责任。

第二节　新型职业农民素养的内涵

一、素养的内涵

素养是指人在先天生理的基础上后天通过环境“影响和教育训练所获得的、内在的、相对稳定的、长期发挥作用的身心特征及其基本品质结构”，实质是指人们在经常修习和日常生活中所获得的知识的内化和融合，它对一个人的思维方式、处事方式、行为习惯等方面起着重要作用。一个人具备一定的知识并不等于具有相应的素养，只有把所学的知识通过内化和融合，并真正对思想意识、思维方式、处事原则、行为习惯等产生影响，才能上升为某种素养。

公民的文明素养主要指与现代社会发展和现代文明建设相适应的人的内在素养，是人们在文化知识、政治思想、道德品质、科学技术、礼仪举止、法律观念、经营能力等方面所达到的认识社会、推动社会文明进步的能力和水平。它是综合反映一个国家国民素养和“软实力”的最重要的因素。当前，我们在向社会主义现代化迈进的历史进程中，必须全面推进物质文明建设、政治文明建设、精神文明建设和生态文明建设四大文明建设。在社会主义文明建设过程中，四大文明建设都有各自特定的含义、特征和功能，四者又是相辅相成、互为因果的现代文明的总体。就总体而论，物质文明建设是推动社会文明发展的物质和经济基础，政治文明建设是推动社会文明发展的社会制度保障，精神文明建设是推动社会文明发展的内在精神动力，生态文明建设是推动社会文明可持续发展和人与自然和谐发展的必要条件。公民文明素养也就是推动这相互关联的四大文明建设所必需的人的品行、素养和能力，具体包括人的观念、思想、道德、文化、知识、智慧、技能等要素。

二、新型职业农民素养的主要内容

新型职业农民素养，就是指在推进农村的物质文明建设、政治文明建设、精神文明建设和生态文明建设四大文明建设中农民所必需具备的品行、能力和素养。培育新型农民最重要的就是要不断提高农民的文明素养，形成与农业和农村现代化建设相适应的先进的观念、思想、道德、文化、知识、智慧、技能等，提升农民建设新农村的能力和水平。

从新农村建设所涵盖的农村的物质文明建设、政治文明建设、精神文明建设和生态文明建设四大文明建设的具体需要来看，新型职业农民素养主要包括以下四大类内容。

一是推进农村社会主义物质文明建设所需要的文明素养，主要包括文化素养、科学素养和创业素养等。

二是推进农村社会主义政治文明建设所需要的文明素养，主要包括政治素养、民主素养和法律素养等。

三是推进农村社会主义精神文明建设所需要的文明素养，主要包括礼仪素养等。

四是推进农村社会主义生态文明建设所需要的文明素养，主要包括卫生素养。

三、提升职业农民素养的重要意义

公民的文明素养，决定着一个国家和地区的文明程度和综合竞争力，特别是文化的“软实力”。农民的文明程度直接影响着新农村建设目标的实现，提升农民的文明素养在新农村建设中有着举足轻重的地位和作用。

首先，提升职业农民素养是当代中国现代化建设的时代要求。在现代化建设中，人是决定性的因素，人的素养的现代化是经济社会现代化的根本保证。我国13.6亿人口，9亿是农民，职业农民素养的提高是我国公民文明素养建设中最重要、最艰巨的任务。提高农民的文明素养是培育新型农民最重要的内容，是加快缩小城乡发展差距的治本举措。同时，提升职业农民素养不仅是增强新农村建设的内在动力和人力资本的根本保障，也是为中国的工业化、城市化提供更多的、更高素养的新型产业工人和创业者的人才工程。职业农民素养的普遍提高不仅可以展示新农村建设的丰硕成果，反映农村新风新貌，而且可以为农村的四大文明建设提供强大的动力源泉，对改变中国农村的落后面貌，缩小城乡差别，全面推进社会主义现代化进程起到极为重要的支撑作用。

其次，提升职业农民素养是统筹城乡发展、推进城乡一体化的客观要求。统筹城乡发展，整体推进新型城市化和新农村建设，加快缩小城乡差距，开创城乡经济社会发展一体化的新局面，是我国社会主义现代化建设中最为艰巨的战略任务。提高农民的文明素养，加快培育新型农民是实现这一战略任务的不可或缺的战略举措。目前，农民的总体素养既难以适应新农村建设的高要求，也不能适应工业化、城市化加速推进的新形势。因此，我们在统筹城乡发展中必须把培育新型农民、提高职业农民素养放到更加突出的位置，通过对职业农民素养的快速提升，为开创城乡经济社会一体化的新局面起到事半功倍的作用。

再次，提升职业农民素养是推进农业农村发展方式转变的必然要求。当前，我国正处于科学发展的新时期，加快经济发展方式的转变是科学发展的主线，推进农业农村发展方式的转变是整个社会经济发展方式转变中最为艰巨的任务，而职业农民素养则是制约农业农村发展方式转变的最关键的约束因素。所以，要加快农业农村发展方式的转变，必须把加强对农民的教育培训，提高农民的文明素养放到突出的位置。

最后，提升职业农民素养是建设社会主义和谐社会的迫切需要。在我国经济迅速发展的过程中，出现了经济建设与社会建设不相协调的问题，社会发展和社会建设明显滞后于经济发展和经济建设，导致各种社会矛盾凸现，社会公平正义缺失，不文明现象和问题大量存在，一些地方的农村黄赌毒现象屡禁不止。我们必须从建设社会主义和谐社会的高度，充分认识提高职业农民素养，推进农村社会主义精神文明建设的极端重要性。要把提高农民的文明素养作为和谐社会建设的根本性举措，重视教育培训，严格管理引导，加强法制建设，改善人文环境，造就高素养新型农民。

第三节 提高新型职业农民素养的方法与途径

一、提高职业农民素养的方法

提高职业农民素养是一项长期而艰巨的系统工程，不可能一蹴而就，需要一步一个脚印，一步一个台阶，深入推进。要从物质文明、政治文明、精神文明和生态文明“四个文明”建设所需要的新型职业农民素养内容出发，通过多方面、多形式、多渠道的培育，综合提高广大农民的文明素养。要在客观分析新形势下职业农民素养的最基本要求出发，因地制宜，制订相应的措施和方案，激发农民通过学校教育、培训教育、实践教育等方法、手段，真正把新型职业农民素养培育工作融入到农民的生产生活中去。结合当前新农村建设要求和职业农民素养急需提高的实际，把提高职业农民素养融入到农村“四个文明”建设的实践中去，重点把握好“三个关系”。

一是要把握好文化教育与文明建设的关系。要把文明素养教育融入到文化教育中去，通过全面提高农村文化教育的水平，为职业农民素养的提升打下扎实的文化知识基础。要着力营造浓郁的重教氛围和学习氛围，优化育人环境，促使农民文化水平与文明素养的同步提升。

二是要把握好“四个文明”建设的实践活动与开展职业农民素养教育活动的关系。要紧密结合新农村建设中“四个文明”建设的实践，开展有针对性的职业农民素养教育，使农民的文明素养教育成为促进“四个文明”建设的强大动力，同时又使“四个文明”建设成为提升职业农民素养的实践学校。

三是要把握好提升经济硬实力和文化软实力的关系。要使农村经济的发展、生产方式和生活方式的转变成为带动职业农民素养提高的现实条件，同时又要使职业农民素养的提高成为提升农村文化软实力的核心力量，形成农村发展硬实力与软实力相互促进、相得益彰的良性机制。

二、提高职业农民素养的途径

国民的文明素养是一个国家精神文明建设成果的重要体现。国民的文明素养越高，社会的秩序性越好；国民的文明素养越高，国际的认可度越好。如何改善国民的文明素养，是当今世界每个国家都关心的热点问题。我国由于国情特殊，农民占了人口的大多数，再加上农村教育长期滞后，所以要提高广大农民的文明素养存在着特别的艰巨性，需要政府、社会、广大农民共同努力，通过多种途径营造良好氛围，为提高职业农民素养提供切实保证。

（一）促进农村“四个文明”协调发展

解决“三农”问题，必须以科学发展观为统领，统筹城乡发展、统筹区域发展、统筹经济社会发展、统筹人与自然和谐发展，推动农村持续快速协调健康发展和社会全面进步。这就需要整体协调地推进农村的物质文明、政治文明、精神文明和生态文明建设，并根据“四个文明”建设协调推进的要求，有针对性地全面促进职业农民素养的提高。通过营造以人为本的科学发展环境、人尽其才的人才环境、团结奋进的人文环境、稳定和谐的社会环境、诚实守信的市场环境、文明美好的生活环境，让广大农民群众在新农村建设的“四个文明”建设中发挥积极性和创造性，并获得自身文明素养的全面提升。

（二）加大文化阵地建设投入力度

要以满足人民群众不断增长的精神文化需求和提高职业农民素养为目标，加大文化建设和精神文明建设的投入，加快农村文化阵地和文化设施的建设，使每村有健身场地、球类活动场地和图书阅览场地等，并大力开展农民“种文化”活动和“文化下乡”活动。要充分利用农村传统的节庆活动，像春节、元宵节、中秋节、重阳节等，并结合各地的特色和特点，精心筹办一些群众喜闻乐见又深入人心的文化活动，不断丰富农民群众的精神文化生活，努力使文化建设成为促进职业农民素养提高的有力抓手。

（三）加强乡风文明建设

继续深化“一约三会”制度，不断完善村规民约，建立健全红白理事会、道德评议会、老年和谐促进会等群众自治组织，进一步促使各协会按照章程积极开展工作。各乡镇加强指导，按季度对辖区“一约三会”工作开展情况进行督察评比。各协会切实发挥自身的功能和作用，定期或不定期组织群众开展喜闻乐见的实践教育活动。以“清洁家园”“文明生态示范村”创建等活动为抓手，深入开展农村精神文明创建活动，强化教育引导，严格督导评比，积极创建干净整洁、文明和谐的人居环境。

（四）全面开展多种形式的职业农民素养教育

把职业农民素养教育作为新农村建设的一项重大任务，通过电大、农函大、农广校、社区学院、成人教育等教育平台，开设职业农民素养教育课程，全面提高农民群众和全社会对文明素养的内涵理解和重大意义的认识。依托电视台、新闻传媒中心等新闻媒体，广泛开展形式多样、生动活泼、寓教于乐、丰富多彩的职业农民素养教育活动。创新宣传教育的方式方法，采取社会宣传、文艺宣传等群众喜闻乐见的形式，把职业农民素养教育融入到思想道德建设之中，融入群众文化活动之中，让群众在潜移默化中接受文明素养的熏陶。

（五）完善文明素养的约束机制

一是加强舆论监督。针对社会上各种不文明行为，运用新闻媒体进行曝光；发挥社会舆论的监督作用，鼓励百姓对不文明行为进行谴责、制止和举报，让不文明行为成为“过街老鼠人人喊打”。二是加强社会监督。聘请义务劝导员、文明督导员，对乱倒垃圾等不文明行为进行监督、制止和规劝。大力深化乡风评议活动，定期召开乡风评议会，对辖区单位和干部群众的行为进行“评、帮、督”，不断提升乡俗文化内涵、提升百姓公德水平，提升农村生活环境，提升农村文明程度，引导人们在参与中接受教育。三是加强法制教育和法律约束。对违背社会道德的违法行为，要依据法律进行惩处。要通过法制的约束引导和促进农民知法、懂法、用法，让广大农民群众成为“讲文明、讲纪律、讲法制、讲道德”的文明新人。

提高职业农民素养，培育新型农民既是一项长期的历史任务，又是一项十分紧迫的现实任务。要从大处着眼，小处着手，放眼长远，立足现实，从加强家庭教育、学校教育、单位教育和社会教育等入手，促进农民不断提高文明素养。把职业农民素养教育融入社会管理和服务之中，融入群众性精神文明创建活动和文化活动之中，更加有效地加以规范和引导。更重要的是加强农民的自我修养、自我教育、自我管理和自我提高，促进农民个人的自我完善和全面发展。

模块三　新型职业农民政治素养

第一节　政治素养、政治文明及与法治的关系

政治这个概念属于一个元概念，不同阶级与历史时代的政治家与学者都赋予其不同的含义。中国先秦诸子就使用过“政治”一词，《尚书·毕命》有“道洽政治，泽润生民”，《周礼·地官·遂人》有“掌其政治禁令”。但在更多的情况下是将“政”与“治”分开使用。“政”主要指国家的权力、制度、秩序和法令；“治”则主要指管理人民和教化人民，也指实现安定的状态等。近代孙中山先生也曾阐述过政治的概念。无产阶级革命导师马克思、恩格斯与列宁也曾经对政治概念进行过阐释。他们认为，政治是阶级斗争，故而提出一切斗争都是政治斗争；政治的基础是经济，经济基础的变化最终会引起政治的发展；政治就是参与国家事务，在参与中实现本阶级的政治与经济诉求。20 世纪 80 年代以来，中国学者对“政治”的定义也进行了广泛探讨，有人认为政治是各阶级为维护和发展本阶级利益而处理本阶级内部以及与其他阶级、民族、国家的关系所采取的直接的策略、手段和组织形式；还有人认为政治是阶级社会的产物，是阶级社会的上层建筑，集中表现为统治阶级和被统治阶级之间权力斗争、统治阶级内部的权力分配和使用等。我国当代学者对政治概念的阐述主要还是基于对马克思主义政治观认同基础上在新的历史时期进行的再阐释，阶级、经济与权力还是阐释的关键词。

近年来，美国政治学者戴维·艾普特提出“现代化政治”的概念，意指一个国家为了适应推进现代化的需要而采取的政治路线，包括可见的制度安排以及这些制度安排背后隐含的政

治理念和思维方式。现代化政治也就是我们在现代化研究中的政治现代化。冯仕政先生探讨了中国的现代化进程与政治、法治的关系。他认为，现代化建设代表着人民群众最大的利益和最根本的利益，因而也是当前我们最大的政治。

人是政治的主体，那么人所具有的政治素养又是什么呢？一般来讲，政治素养是指人们作为一个政治角色对自己所承担的政治义务和所享受的政治权利的理解、把握、反映和见诸行动等情况的总和，是人在政治生活中培养出来和必须具备的个体特质。

政治文明，是指人类社会政治生活的进步状态和政治发展取得的成果，主要包括政治制度和政治观念两个层面的内容。政治文明既是一种最终的状态，也是一个达成这种状态的过程。因此，我们说政治文明既是人类社会政治发展与演化过程中取得的全部成果，又是人类政治进化发展的具体进程。当然，政治文明也是一个历史发展着的概念，不同历史时期具有不同的表征与特点。但总体来看，政治文明具有自身的价值指向，那就是使人通过正确的政策设计使人们的美好的政治构想变为现实，并且充分享受到这种实现了的政治文明。政治文明的最终结果就是使人类社会从暴力、无序走向开明、和谐，具体来看就是从权力政治与垂直政治走向权利政治与平面政治。近代以来，人类政治生活的进步状态主要表现为民主建设、法治建设不断完善和进步的过程。

我们经常把法治与政治相提并论，是因为法治与国家的政治文明之间有着密切的关系，法治是政治文明的核心内容。法治是“法律的统治而非人的统治”的治国方略，还是“一种应当通过国家宪政安排使之得以实现的政治理想”，可见大凡谈到法治，如果我们只在法律或者是政治领域内探寻其内涵，那将是徒劳的。法治既是实现政治文明的重要途径，也是政治文明的主要体现。法律是国家制定和认可的行为规范，用以确认权利和义务与调整社会关系，是由国家强制力来保障实施的，具有明示、矫正及预防的作用，其目的就是使社会有序发展，最终体现为社会政治文明的进步。因此，法律是防止不文明政治行为、形成文明政治行为的根本保障。法治与政治文明是一种互为表里的关系。

社会的健康发展必须是物质文明、精神文明与政治文明协调有序发展，在短期内，三者之间不协调发展的现象可能会较多地存在，对社会的不良影响也未必立即显现，但是如果三者长期处于发展不协调状态，社会发展必定会出现无序动荡。物质文明、精神文明与政治文明三者中，后者不仅具有自身的发展范畴，还是前两个文明发展的重要保障。当今社会的政治文明就是要建设法治国家，通过法治建设推动政治文明的更大发展，可见政治文明是法治建设的精髓与灵魂，也是法治国家发展的政治目标。在此基础上，我们认为法治与政治文明之间的关系主要体现在以下几个方面。

按照马克思对于政治文明的理解，我们可以从 3 个维度来考察政治文明的深层次内涵，分别是：政治意识文明、政治制度文明与政治行为文明，这种理解具有其内在的合理性与逻辑性，政治意识文明是政治文明的精神支柱，政治制度文明是政治文明的规范要求，政治行为文明是政治文明的外在表现。

首先，政治意识文明蕴含了法治的价值。政治意识包括政治意识形态、政治心理、政治思想和政治道德等。政治意识文明就是上述政治意识不同层面的进步状态，具体体现为社会的公平正义、公民的合法权利得到切实保障、国家具有保护公民权利实现的责任与义务，崇尚民主和法治，规范和限制国家权力，树立宪法至上、法律权威的意识，使法治意识成为指导人们社会行为的主流意识。

其次，政治制度文明是法治的根本。政治制度是指在特定社会中，统治阶级通过组织政权以实现其政治统治的原则和方式的总和，是政治实体遵行的各类准则或规范。政治制度在于维护特定社会中的公共安全与秩序及协调利益分配。在政治文明建设中，制度文明起着根本性的作用，具有核心的地位。政治制度文明的内涵具体体现在宪法、组织法及行政法等法律规范中。人民主权原则、权力分立原则、权力制约原则、保护人权原则等都被宪法所确认，具有崇高的法律地位和效力。

最后，政治行为文明实践着法治的理想。政治行为指人们在特定利益基础上，围绕着政治权力的获得和运用、政治权利的获得和实现而展开的活动。政治行为是一个历史性的概念，是随着阶级现象的出现而产生的，是人作为一个政治人与周围政治环境相互作用的结果。政治行为具有阶级性与法律性两大根本属性。政治行为的运行必须依照法律程序与法治秩序来保证。政治行为的有序性与法治秩序具有价值重合性。法律产生于人类行为对于秩序性的追求，政治行为的有序性提出了对法治发展的更深层次的要求。法治的外在功能就是为了促使社会制度、结构与关系达到和谐统一、界限明晰、稳定连续的状态，防止人治下因朝令夕改、权大于法而带来的混乱与无序，法治是秩序的象征。

可见，政治文明与法治密切相关，政治文明的价值内涵和基本原则实质上就是法治的内核和精髓。因此，农民社会的和谐发展必须将法治教育与农村的政治文明建设结合起来，农村政治文明才能够深入发展。

第二节　农村培养现代政治意识的重要意义

随着传统社会向现代社会的转换，经济基础与物质形态都发生了很大改变，这势必影响上层建筑的变化。当前发生在中国的这场变革，是一次影响深入的多领域革命。我国社会经济的巨大发展已经彻底摧毁了传统的经济模式，这场影响广泛的变革也对政治文明提出更高的要求。政治文明的进步首先体现在现代政治意识的提高，对于中国这样的发展中国家来说，使数亿农民转变传统的那种盲从的、封闭的政治意识观念，树立起现代的、理性的、开放的政治意识，将是一项长期而艰巨的任务，这是时代发展的必然要求。

一、建设社会主义民主政治的必然要求

建设新型的社会主义民主政治是我国改革开放和现代化建设的一项重要任务。社会的发展进步涉及两个维度：经济的与政治的，前者涉及经济基础，后者则涉及上层建筑。改革开放以来，我国经济获得飞速发展，取得了举世瞩目的成就。经济的巨大发展也必然对政治文明提出更高的要求。上层建筑只有更好地适应经济基础的发展要求，才能够更好地解放生产力，推动社会政治经济的综合协调发展。

培养现代政治意识是建设社会主义民主政治的必然要求。建设社会主义民主政治的实质，就是要使人民群众能够积极充分地参与到社会政治经济发展中来，就是要将人民群众当家做主的权利落到实处，保证群众有公平均等的机会参与国家的发展，充分调动他们建设国家的积极性、主动性和创造性。发展社会主义民主政治是党始终不渝的奋斗目标，但是这又是一项极其艰巨的社会工程，需要调动整个社会的力量来共同推进该项工作的进行，它需要广大人民群众尤其是占中国人口主体的九亿农民大众的积极配合、支持与参与，占我国人口多数的农民群众是发展社会主义民主政治的主体。这就要求广大农民群众必须改变传统、陈旧的政治价值观念、政治认知、政治情感和政治态度，树立起现代政治意识，积极参与到社会主义民主政治建设中来。只有这样，中国的民主政治建设才能拥有合格的实践主体，广大人民群众才能真正发挥自己当家做主的作用，中国才能建构起一种新型的健全的政治文化，中国的政治体制改革和民主政治建设才能获得最终成功，从而大大推动农村社会经济的进步。事实证明，只有政治进步与经济发展共同协调发展，国家才能繁荣昌盛。

二、建设农村社会主义精神文明与物质文明的关键

辩证唯物论认为，精神既能够反映物质，又能够反作用于

物质。物质文明与精神文明建设也处于一种相辅相成、相互促进的动态系统之中，物质文明的发展为精神文明的进步提供物质支持与现实支撑，而精神文明的发展则为物质文明的发展提供了源源不断的精神动力，使物质文明的发展更具方向性与持续性。

我国在大力发展生产力、建设社会主义物质文明的同时，还必须注意社会主义精神文明的建设，只有有效推动社会主义精神文明建设，我们才能形成良好的社会秩序与稳定有序的社会环境，社会整体才能获得大的发展。农村社区是我国社会主义精神文明建设的重点，农民占我国人口的大多数，只有农村地区的精神文明建设搞好了，才能从根本上带动我国社会的整体进步。

在农村精神文明建设过程中，使广大农民树立起现代政治意识，始终是其中最关键的环节。只有广大农民树立起现代政治意识，自觉地担当起主人翁的社会角色，坚定地走社会主义道路，认真履行对国家和集体应尽的义务，依法办事、维护社会稳定，努力地投身于农村现代化建设，农村的精神文明建设才能获得成功，农村的社会秩序才能得以根本好转，社会风气才能得以健康向上的发展。因此，中国农民政治意识的提高不是一项单独的行动，而是依赖于农村物质文明的发展。

三、提高农民政治素养的中心环节

在长期的封建社会历史上，广大农民处于社会最底层，被排斥在国家政治生活之外，在现实的政治经济结构下，他们的政治意识主要表现为一种“臣民”意识，胆小怕事、逆来顺受、唯命是从，缺乏现代公民社会所必需的“主体”意识，他们大都缺乏维护自身权利的意识与能力。新中国成立后，农民成为国家的主人，享有广泛的社会政治权利，但是由于多种历史因素的影响，广大农民缺乏应有的现代政治观念，还不能自发地行使当家做主的权利。没有现代政治意识就更无从谈起主动维护自身的政治权利，只有意识到自身的政治存在，才能够有意识成为一个现代“政治人”。因此，要提高农民的政治素养，必须使农民真正树立起现代政治意识，明确自身的政治权利，关注自己的利益诉求，使他们成为独立自主的、具有独立判断能力和现代法律观念的人，使他们成为独立自主支配、抉择自身命运的、富于政治热情的现代公民。

农民要树立起现代政治意识，应该首先做好以下几个方面的工作。首先，对农民进行民主启蒙，提高农民的参政素养；其次，要加强农村思想政治工作，提高农民的思想道德素养；再次，加强农村普法工作和社会治安工作，增强农民的法制观念；最后，加强农村基层民主政治建设，搞好村民自治工作。可见，提高农民的政治意识，不仅要提高农民的政治觉悟，还要努力做好农村的法治工作。法治成为农民现代政治意识的主要内容与实现途径。

第三节　提高新型职业农民政治素养的途径

提高农民的现代政治素养涉及多项内容，主要包括提高农民的社会主义、集体主义、爱国主义意识；政治主体意识和政治参与意识；改革、开放、发展意识；民主意识、平等意识和公民意识；人权意识与法律意识，其中最为关键的就是要提高农民的现代政治意识。要使农民树立起现代政治意识，必须进行多方面的努力，要做到以下几点。

一、提高农民的参政意识与参政素养

毛泽东指出：“我们的民主不是资产阶级的民主，而是人民民主，这就是无产阶级领导的、以工农联盟为基础的人民民主专政。”社会主义民主是在无产阶级领导人民群众推翻了剥削阶级的统治，建立了无产阶级专政后实现的。我国宪法保障人民享有当家做主的权利，同时国家也为社会主义民主的实现提供

经济基础，这就是生产资料的社会主义公有制。社会主义民主是一个循序渐进的过程，涉及政治生活、经济生活、文化生活和社会生活的各个方面。农村社会的全面发展必须努力推进社会主义民主建设。发展社会主义民主是农村社会物质文明与精神文明建设的最根本保障，离开社会主义民主建设，农村社会的发展将失去方向与动力。农村进行社会主义民主教育离不开法制教育，要实现社会主义民主的制度化与法律化。社会主义民主政治是社会主义民主建设的重要内容，建设社会主义政治首先要提高农民的民主意识与参政意识，进而提高他们的参政素养。对于中国人民来说，民主是一件舶来品，自从五四运动至今，中国人民为享有真正民主付出了巨大代价，历史证明只有中国共产党才能领导人民实现真正民主。战争年代，广大中国老百姓为中国革命的成功付出了巨大牺牲，新中国成立以后，中国共产党把建设社会主义民主作为重要任务，其中社会主义民主政治的建设取得了瞩目成绩。尤其是改革开放以后，我国的社会主义民主政治得到切实发展，实践证明，在农村实行社会主义民主政治不仅是我国社会民主发展的必然要求，还是我国农村社会全面发展的必然选择。

成熟的社会需要成熟的公民，农村社会的良性健康发展离不开具有现代民主参政意识的农民的广泛参与。由于受封建传统思想观念影响，一些百姓认为政治那是统治阶段的事，老百姓参与什么政治，弄不好是要遭祸害的。改革开放以来，农民的生产相对独立，能够支配自己的生产经营活动，因此他们都忙于现实中的生产活动，不愿意拿出更多时间参与那些对自己没有直接影响的社区政治活动。一些地区出现了村霸、村痞通过非正常手段当选村领导后，打压异己，中饱私囊，甚至搞家族式统治，这样使得村民厌恶政治，使得百姓熄灭了参与社区政治活动的热情。此外，中国农民习惯在权威庇佑下生活，独立意识较差，不太乐意抛头露面，对那些“敢为天下先”的社区精英人士，也往往嗤之以“出风头”。中国农村推行民主政治就是在这样的历史与现实的环境下艰难前行的，在这样的历史文化环境及制度等因素的综合影响下，我国农村的民主政治发展势必不是完善与成熟的。例如，一些地区虽积极参与社区政治事务，却并非出于对现代民主政治的信仰与尊重，而是具有十足的功利目的，有的是出于一定的物质诱惑性而参与选举，还有的则是为了寻求个人利益最大化而参加选举，当这两种目的达成妥协时，往往就产生了贿选。这种不健康的民主实践极大地伤害了群众的政治热情，滥用了群众的政治信念。因此，在现阶段只有切实落实科学发展观，破除传统思想的束缚，深化社会主义民主政治教育，健全社会主义民主实践的相关制度，引导农民积极参与社区政治实践活动，才能从根本上提高农村居民的政治素养。

二、提高农民的政治素养，塑造新时期的“政治人”

建设社会主义民主政治需要党的坚强领导与人民的广泛参与才能顺利完成。千百年来，统治阶级对农村地区的管理相对薄弱，政权建设相对滞后。新中国成立以后，在中国共产党的坚强领导下，农村地区相继建立起了基层的党政机构，将农村地区纳人全国政权的统一治理体系中来，这种变化具有深刻的历史意义。自此，农民的日常活动不再是为自己讨生活，而是与国家的发展紧密地联系起来。尽管我们建立了不同以往的政权制度，然而由于受到传统落后思想观念的影响，我们的政权建设在有些方面还需要进一步改进。要选拔那些政治素养过硬的优秀人才充实基层党政机构，通过他们的实际工作树立党的光辉形象，吸引更多的优秀人才团结到党的周围，使党这个最具战斗力的政治组织在农村地区焕发熠熠光彩，以保证农村发展的正确政治方向。选拔那些具有专业技术能力的人担任领导职务，他们利用一技之长为群众排忧解难，解决农业生产中的实际问题，为群众办实事，办真事。结合农村的实际情况，将对群众的思想政治工作在工作中落实，在生产中深化。思想政治工作要实现制度化、规范化，只有这样，提高农民的思想政治工作才能具有长久性。要对广大农民进行社会主义、爱国主义教育，引导他们学习邓小平理论及科学发展观等重要思想，使他们树立起新的世界观与人生观，把他们塑造成具有现代政治意识与思想政治觉悟的现代“政治人”，这势必推动农村各项事业的更大进步。

三、在实践过程中培养村民政治意识与政治觉悟

农村基层民主是适应我国新时期社会发展状况的一种新型乡村治理模式，是我国社会主义民主法制建设和政治体制改革的一项重要内容，也就是农村基层组织实行民主选举、民主决策、民主管理和民主监督及村务和政务公开，即“四个民主、两个公开”，是新时期农村经济体制改革推动的结果。农村基层民主的实质是以市场经济为基础，以整合新时期农村利益结构和权威结构为目标，按民主理念设计的具有现代意义的乡村民主制度。我国农村民主选举逐渐程序化、制度化，农民的政治参与意识增强，从实践情况来看，我国农村基层民主具有强大的生命力。

在新的历史时期，要切实推进我国农村地区的基层民主建设，既要注重实践，还要解决相关理论问题；既要注重宏观制度设计，还要考虑个体民主政治觉悟的提高。要使农村基层民主能够获得更充分的发展，还应该做好以下 6 个方面的工作。一是进一步健全有关农村基层民主的相关法律制度和政策保障，加强中央对立法选举的指导，增强选举过程的可操作性，使法律、法规、政策融为一体。二是进一步推动全面直选方式，扩大农村直选范围，增强共同体的归属感和认同感。三是全面把握乡村关系，明确村委会和村党支部的工作要求，妥善解决乡村问题。四是继续开拓多种适合我国社会主义国情的农村基层民主实现形式，进一步创新和改造基层政权体制。五是进一步推动协商民主的发展，加强人民群众与基层政权对基层决策的

合作协商，建立村务公开制度，保证民主监督。六是注重农民对民主自主意识的培养，加强村委会建设和干部民主政治素养的培养。

通过深入、切实、有效的农村基层民主建设，农民群众在民主政治的实践过程中既提高了自身的政治觉悟，又塑造了农村良好的政治氛围，使他们真真切切感受到了社会主义民主政治的巨大魅力，增强了他们践行社会主义民主政治的信念。

四、在农村法治实践中提高农民的政治素养

政治与法律的界限是相对的，它们之间相互渗透，政治中包含着法律，法律中又渗透着政治。法律既从属于政治，又有相对独立性，法律作为独立的社会体系对政治又能够发挥有效的作用。因此，我们在建设农村政治文明的过程中，既要注重法治建设，又要通过法治建设来培养农村的政治文明。

随着时代的变迁，我国农村社会发生了很大改变，传统的社会控制思想及形式由于不能很好协调当前的社会关系逐渐式微。在农村地区，中华民族优秀传统文化由于受到全球化与市场经济的影响，也面临信仰危机。同时，农村居民的现代法律意识则比较淡薄，面临新的社会关系与利益诉求，既不会采取传统方式去处理，也想不到求助于法律来解决，最终使自己蒙受损失。这样就连自己基本权益都不会保障的人，又怎能去参与建设社会主义民主政治呢？通过法治教育，提高法治观念，可以增强对社会主义民主政治的体验与情感。

法律是实现政治意志的重要途径与手段，对法律的信赖也就是对政治的信仰。当前农村地区各种利益诉求凸显，社会矛盾较多；黄、赌、毒现象也广泛存在，这些都需要运用法律来解决，最终形成良好的社会风气，这既是法律的胜利，更是政治文明发展的成果。

模块四　新型职业农民民主素养

民主是人类的普遍追求，它作为政权的一种构成形式，随着一个国家的经济文化的发展而发展。而民主作为一种国家制度，作为上层建筑，它的本质是由经济基础决定的。社会主义民主建立在生产资料公有制基础上，政治程序和政权性质相一致，经济基础和上层建筑相协调，是为广大劳动人民所享有的民主。人民当家做主是社会主义民主政治的本质和核心。党的“十七大”报告提出：发展基层民主，保障人民享有更多更切实的民主权利。当前，如何扩大和发展农村基层民主，使农民真正当家做主，充分行使自己的民主权利，是中国民主政治建设的重大问题。

第一节　民主素养的内涵与培养途径

一、民主、人民民主和民主素养的含义

民主一词源于希腊字“demos”，意为人民。《民治政府》一书从3个角度来定义民主：首先，民主是一整套相关的价值体系；其次，民主是一整套相关的政治程序；再次，民主是一整套相关的政治制度。概括起来讲，民主是指在一定的阶级范围内，按照平等和少数服从多数原则来共同管理国家事务的国家制度。民主是保护人类自由的一系列原则和行为方式，它是自由的体制化表现，它不仅是一种理念、一种原则，也是一种规则和程序设计，是一种制度安排。民主是以多数决定、同时尊重个人与少数人的权利为原则的。在民主体制下，人民拥有超越立法者和政府的最高主权。所有民主国家都在尊重多数人意愿的同时，极力保护个人与少数群体的基本权利。

人民民主是社会主义的生命，没有人民民主就没有社会主义。中国特色的人民民主的科学内涵就是坚持党的领导、人民当家做主、依法治国有机统一。发展社会主义人民民主就是要不断扩大人民民主，保证人民当家做主，使人民民主展现出旺盛的生命力。中国特色社会主义民主是马克思主义民主理论与中国特色社会主义实践相结合的产物，是对资本主义民主的扬弃和超越，是符合民主本意、更高类型的民主。推动中国特色社会主义民主不断发展，就是要始终做到“六个坚持”，即坚持民主的社会主义性质，坚持人民民主专政的国体，坚持人民代表大会制度的政体，坚持中国共产党领导的多党合作和政治协商制度，坚持党的领导、人民当家做主、依法治国有机统一，坚持立足国情发展社会主义民主。

民主素养是指在一定的阶级范围内，按照平等和少数服从多数原则来共同管理国家事务的一国公民在政治活动中反映出来的民主意识、民主能力和民主精神。在现代社会，随着民主精神和民主意识的增加，各国人民普遍追求具有自主自治能力和积极参与公共事务的精神，能在参与的过程中保持温和理性的态度，尊重不同的意见，并与别人进行有效的沟通，以寻求彼此可以接受的方案。今天，我们讲的农民民主素养就是指农民群众去建设和履行人民民主所应具备的民主意识、民主素养与履行民主权力和权利的能力。

二、农民民主素养现实状况

中国作为一个人口大国，农民占了人口的大多数，农民的民主素养状况如何，直接影响着中国民主建设的状况，反映着中国人民的民主意识，同时也决定着中国民主发展的方向和水平。改革开放以来，农民的民主意识、民主素养有了很大的提高，农村的基层民主建设有了长足的进步，但是与民主政治建设的要求尚有不小的差距。

（一）农民民主素养不够成熟

目前，农民群众的民主意识和民主素养从总体上来看与成熟的现代民主意识、民主素养尚有很大差距。一些农民在农村的社会事务中的主体意识、平等意识、自主意识缺乏，依附观念浓厚；一些农民往往不把自己作为权利的主体，而是寄希望于“上级”“领导”“包青天”为自己做主；宗族宗法观念在一些农民的头脑中依然根深蒂固；受无政府主义思潮的影响，一些农民认为“各种各的田，干部不用管”，个别农民甚至目无法纪，无视民主程序，破坏基层民主也时有发生。从总体上来看，广大农民知政、参政、议政和履行农村基层民主权利的积极性、主动性、能动性和能力都还不够。

（二）不同地区和不同阶层农民的民主素养具有明显的差异性

从农民民主素养高低来看，发达地区较强，欠发达地区较弱。经济发达地区的农民的市场意识和自主意识较强，对民主权利有较高的诉求。从不同阶层看，乡镇企业中的工人、退伍军人、回乡知识青年、个体私营业主、农民工等“见过世面”的农民民主意识较强，知政、议政、参政的水平较高。从事种养业的传统农民则由于其文化水平有限，民主意识较弱，往往只求争取直接的、眼前的经济利益，民主素养层次相对较低。

（三）对民主权利的认知存在偏差

现在有相当部分的农民群众由于受以前不民主时期的一些“假民主”问题的影响，对履行民主权利缺乏正确的认识，虽然在思想认识上有强烈的民主要求，但在实际行动中往往又不重视履行好自己的民主权利，甚至放弃法律规定的自己的民主权利，对违背基层民主的不良行为听之任之，造成了“制度上的民主”与“现实中的民主”的反差与脱节。

第二节　培养农民民主意识

民主成为一种社会观念，作为一种信仰进入民心是民主政治建设的追求。公民拥有高水平、深层次的民主意识是民主政治建设的直接目标之一。中共十六届五中全会提出了建设新农村这一重大历史任务，并明确提出了建设新农村的总要求，即“生产发展、生活宽裕、乡风文明、村容整洁、管理民主”，其中“管理民主”是新农村建设的政治保证，也是新农村建设的重要目标。要推进村级民主政治建设，真正实现“管理民主”，最基础的工作就是不断提高农民的民主意识。

一、民主意识的基本含义

民主意识主要是指人们为维护民主权利、保护合法利益而提出的自己当家做主，管理国家、集体和公共事务的思想观念。民主意识是民主的主观条件，其强弱在很大程度上制约着民主发展的实际水平，对民主政治建设具有重要作用。民主意识是现代政治生活健康运行发展必不可少的文化心理要素之一，是人们在一定政治经济制度下，对国家民主政治、民主权利以及法律制度在观念上的反映，其主要内容是公民行使民主权利和平等、自由、法律的意识。

农民民主意识主要是指农民主张和履行民主权利的思想基础。对于中国这样的发展中国家来说，培养农民以法制、平等、自由、权利、义务、理性等观念为标志的现代民主意识和公民意识，这不仅是支撑民主选举制度的重要精神力量，而且也是全面提高农民素养的重要内容和标志。

二、农民民主意识的现实状况

随着市场经济的发展和传统社会向现代社会的转型，农民的民主意识也开始增强，但由于农民受教育水平和传统观念的影响，我国农民的民主意识不够强的问题还比较突出，具体表现如下。

（一）农民对民主内涵的认识较模糊，对民主权利的理解较狭窄

按照马克思主义的观点，民主首先是一种与专制制度相对立的国家制度。而通常所说的人民民主其本质是人民当家做主，

行使管理国家、社会的权力，并在这一过程中充分表达自己的意志和切实维护自己的利益。它体现的是一种价值观：公民不是国家机器的支配对象，而是它的主人。在现实政治生活中，受历史文化传统影响，我国公民特别是农民的公民义务观念和公民权利意识都比较淡薄。大多数农民不甚理解“人民民主”的真正含义，认为“民主主要是村干部的选举”“民主就是自己拥有的一些福利”等，把民主简单地理解为是一种具体的民主形式。同时，对村民自治条件下广大农民所拥有的四大民主权利，更多的是着眼于民主选举，而对民主管理、民主决策和民主监督则关注甚少。

（二）农民的民主选举意识较强，但目的性不甚明了

民主选举意识是最基本的民主意识，我国农村经过近 30 年村民自治的发展，大多数农民都能积极参与，投票选举村干部，认为“行使民主权利就是要参加选举活动”，但是，他们参与选举的动机与目的却有相当大的差异。大致可以分为以下几种情况：一是为选出好干部，为村民更好服务并能带领大家发展经济；二是因配合基层政府工作需要，或迫于乡镇干部压力而参与；三是为了实现宗族、小团体利益而参加选举；四是觉得新鲜、凑热闹等。

（三）农民的民主决策意识淡薄，缺乏主动参与的机制

民主决策是村民自治的核心。当前，我国一些地区的农民对民主决策还没有形成基本观念，对“什么是民主决策”“如何进行民主决策”“民主决策究竟有什么意义”等都缺乏正确认识，并对能否在现实生活中真正地、长期地实施民主决策表示怀疑，认为“村上的事都由村委决定，我们有意见没法说，也不想说，反正说了也不管用”，从而导致村民们对村务决策漠不关心，使广大农民不能主动参与民主决策。

（四）农民的民主管理意识不强，民主监督意识较弱

民主管理意识是与民主决策意识紧密相联的一种重要的政

治意识。但当前部分农民的民主管理意识不强，认为民主管理就是民主选举村委会，“我们只参与选举，至于选举完以后，要做什么事，那是村委会的事，是村干部的事”。在他们看来，管理是当官的事，与老百姓无关。从民主监督意识看，许多农民很少去真正关注村务公开栏，有的农民认为民主监督会得罪当官的，所以不愿意去做，从而放弃了民主监督这一神圣权利。

第三节　提高新型职业农民民主意识的主要路径

提高广大农民民主素养是村民自治和农村以致整个中国民主政治建设的重要方面。针对上述中国农民民主素养的现实状况，要提高广大农民的民主素养，必须从启动和强化村民自治和农村民主政治建设入手，充分调动农民群众参与民主政治的积极性、智慧和创造力。

一、动员、组织农民积极参与民主政治

广大农民是国家的主人，更是农村民主政治建设的主人。广大农民必须消除官贵民贱的等级观念、宗法思想，把自己的权利和义务统一起来，自觉地维护宪法、村民委员会组织法和其他法律赋予自己的民主权利，履行好自己的民主职责，合法、有序、有效地参与村民自治事务、人大代表选举及其他政治、社会事务。

二、为提高广大农民民主素养创造经济条件

现代市场经济是民主政治发展的基础，社会主义市场经济的发展正在为职业农民素养的提高和农村民主制度建设创造着越来越有利的条件。一方面，广大农民民主素养的不断强化，积极、高效地实施民主，参政议政，必须有基本的生活保障，有足够的时间和精力，有现代信息技术等工具、手段；另一方面，农村市场经济的发展，必然导致农民群众对村民自治等民主权利的普遍渴求，从而要求落实、拓展并牢牢把握法律赋予他们的各种经济、社会权利。一旦市场经济条件下等价交换的

原则得到广泛确立，广大农民就可以平等地经济活动和政治活动。

三、发展农村文化科教事业，提高农民民主素养

一定的文化科技水平是公民民主素养的重要基础条件。正如列宁所说："不识字就不能有政治，不识字就只能有流言蜚语，传闻偏见，而没有政治"。在民主政治事务中，一切活动诸如选举、竞选、提议、审议等都离不开一定的文化条件。同时，一定的文化水平也是全面正确理解民主目标和民主方法，消除封建主义所必备的。

四、不断健全农村基层民主制度，切实保障农民民主权利

首先，要对广大农民实行真正、广泛的民主，把村、乡、县和整个国家经济、政治和社会生活中的重要情况、重大决策、重大事件公开告诉广大农民，形成一定的制度，让他们参与到村级、乡级、县级以至整个国家事务中去。其次，加强执政党和政府与广大农民群众之间的双向政治沟通，提高人大代表中的农民比例，密切政府与农民关系。再次，要不断地完善村民自治的农村基层民主主制度，养成农民履行民主权利的习惯。

五、大力加强农民民主素养教育，全面提高农民民主素养

要通过村社、家庭、社会组织和团体、大众传播媒体等的共同努力，广泛开展民主素养的宣传教育、知识培训，逐步提高农民群众的民主素养。要让广大农民认真学习民主知识，努力培养民主态度，大力提高民主参与能力，使广大农民群众具备良好的民主素养。

模块五　新型职业农民法律素养

第一节　法律素养的含义

一个国家公民法律水平的高低，反映了国家法制化、民主化的程度。通过教育使每一个公民具备必要的法律素养是现代社会建设一项迫切而艰巨的任务，同时也是建设社会主义法制国家的必然要求。因此，我们需要充分调动各方面的积极因素，不断探索和总结经验，对公民特别是农民群众进行现代法律意识的培养，增加他们的法律知识，使其养成学法自觉、知法完整、懂法透彻、用法正确、守法坚定、护法顽强的良好法律素养。

一、法律素养的基本内涵

法律素养是指人们所具有的法律知识、法律意识以及自觉应用法律处理问题、解决问题的基本能力。它由法律知识、法律心理、法律观念、法律理论、法律信仰等要素整合构建而成。一个人的法律素养如何，是通过其掌握、运用法律知识的技能及其法律意识表现出来的。根据法律素养主体和水准的不同，法律素养可分为一般性法律素养、理论性法律素养和职业性法律素养。一般性法律素养是指普通公民在日常生活中根据个人生活经验和所受法律教育的影响，自然形成的法律意识和运用法律的能力；理论性法律素养是指从事法律理论研究者通过对国内外法律研究而形成的较为全面而深刻的法律认识和能力技能；而职业性法律素养是指法律工作者的法律意识和运用法律的能力。

法律意识，它是社会意识的一种形式，是人们的法律观念、法律知识和法律情感的总和，其内容包括对法的本质、作用的看法，对现行法律的要求和态度，对法律的评价和解释，对自己权利和义务的认识，对某种行为是否合法的评价，关于法律现象的知识以及法制观念等。法律意识，一般由法律心理、法律观念、法律理论、法律信仰等要素整合构建，其中，法律信仰是法律意识的最高层次。良好的公民法律意识能驱动公民积极守法。公民只有具有了良好的法律意识，才能使守法由国家力量的外在强制转化为公民对法律的权威以及法律所内含的价值要素的认同，从而就会严格依照法律行使自己享有的权利和履行自己应尽的义务；就会充分尊重他人合法、合理的权利和自由；就会积极寻求法律途径解决纠纷和争议，自觉运用法律武器维护自己的合法权利和利益；就会主动抵制破坏法律和秩序的行为。另外，良好的公民法律意识能驱动公民理性守法，实现法治目标。理性守法来自以法律理念为基础的理性法律情感和理性法律认知。

二、提升农民法律素养的意义

党的“十七大”提出“全面落实依法治国基本方略，加快建设社会主义法制国家”，这是在新形势下对依法治国基本方略所作出的一个准确判断，同时也对不断提升农民的法律素养提出了更高的要求。

（一）法治社会的实现要求提高农民的法律素养

“法治”是社会进步的表现，“法治”社会的形成也是整个社会进步的终极目标，而要实现“法治”社会，我们需要的不仅是掌握专门法律知识的法律专业人才，也需要不断提高公民，特别是广大农民的法律素养。

（二）培育新型农民要求提高农民的法律素养

法律素养是新型农民素养的重要内容。在新农村建设中培养有文化、懂技术、会经营的新型农民的战略任务中，就包含了提高农民群众的法律素养的要求。如果没有较高的法律素养，就会影响农民在“四个文明”建设中的主体作用的正确发挥，也会影响农民群体在社会中的整体形象。

（三）和谐社会建设要求提高农民的法律素养

当前，社会矛盾凸现与和谐社会建设任务紧迫的现实需要不断提高广大农民的法律素养。近年来，一些地方农民权益受损事件频有发生，农民工犯罪率居高不下，严重影响了农村社会的稳定和安宁，迫切需要通过加强法制教育来提高广大农民的法律素养，通过正常的法律途径来缓和及解决农村社会冲突和矛盾。

第二节　农村进行法治教育的重要性

新中国成立以来，党和政府十分注重法治教育与法治建设。尤其是改革开放以来，随着我国经济发展对法律的迫切需要，党中央采取了多种形式进行法治宣传和法治教育，对于各项法律法规的落实起到了积极的推动作用。由于历史原因，农村社会相对封闭保守，传统思想意识影响深远。中国传统社会中，人与人之间的关系属于一种地缘关系，人口流动较少，家族权威、社区规范及封建礼教在协调社会利益关系的过程中扮演着主要角色。然而今天的中国已经摆脱了传统的羁绊，以积极的、开放的心态应对变动中的世界。当前，我国的社会经济结构发生了质的变化，农村社会结构也发生了有史以来最为彻底的改变，传统的人际关系与利益关系被彻底打破，逐渐形成了新型社会关系。战国法家代表人物韩非子认为社会没进化到一个新的阶段，用以整合社会的方法也要有相当的改变。因此，在社会转型期，我们不能再依照传统的社会治理规则来规范当前的社会，我们需要寻求新的方法与途径来协调与治理现代社会，法治无疑是一条必走之路。然而在我国农村地区，法治观念比较落后，这完全不能适应市场经济的发展和新农村建设的要求。在建设法治国家的进程中，加强对农村广大居民进行社会主义法治理念教育，对增强农村居民的权利观念，树立法治信念，对于推动社会的整体协调发展具有重大意义。

一、能够增强农村居民的权利观念

在法治教育中重提居民的权利，恰恰是因为在中国历史上，广大老百姓忽视自己的权利，缺乏权利意识，之所以出现这种情况，也是由于中国传统社会特点及相应的经济结构造成的。小农经济长久以来一直是我国占主导地位的经济形态，在传统社会农业的发展并不太依赖于科技进步，农民也就缺乏通过寻求技术革新来提高农业生产力的积极性。以个体家庭生产为主要组织形式的农业生产形式具有相对的独立性，具有自给自足性。正因如此，小农经济的生产形式使得人与人之间的地缘关系更加紧密，从一定意义上限制了人口的流动。“农业文明特别强调对有生产生活教导权、指挥权、支配权的尊长亲属的服从”。在相对封闭的农村社区，农业生产技术的代际传递显得比技术革新更为重要，前者的主要承担者是老人，而后者的主要承担者则是年轻人。很自然，在这样的经济结构下，年长者拥有绝对的话语权，客观上压抑了年轻人开拓创新意识的同时，也使得年轻人的自我意识丧失。“家国一体”的政治格局使得年轻人缺乏独立精神，家族利益与群体利益遮蔽了个人利益，君子不言利成为判定世人道德高下的标准，权利意识就更无从谈起了。权利是指公民作为国家主人所享有的并为法律所保护的权益，权利是法的核心内容。没有对权利的要求，也无法产生对法的需求和对法的渴望。在中国传统的社会政治结构中，个人的人身自由、财产自由和政治自由都没有在中国古代政治社会中得以成长。“重义务、轻权利”的思想根深蒂固，履行义务天经地义，权利诉求被视为离经叛道。只知道有遵守法律的义务，而没有通过法律来保护自身合法权益的自觉。

法治教育不仅仅是要求农民遵守法律，更重要的是让他们意识到法律赋予的权利，对于那些有损自己合法权利的行为，人人都可借助法律来维护自身权益。在农村进行法制教育就是教育、引导农民学习法律知识，自觉学法用法，提高权利意识，保护和支持农民合法的维权行为，有效约束政府公权力的运用，使宪法赋予的尊重和保障人权的精神体现在每一个农村居民身上，这是中国农民权利觉醒和社会文明进步的重要途径。

二、能够增强农村居民的法治信念

增强人民的法治信念是我国依法治国的重要前提。党和政府提出依法治国，是符合社会主义现代化建设实际的治国方略和价值选择。一个国家由传统社会向现代社会发展过渡的过程中，社会形态与经济结构发生转变的同时，其社会控制形式也要适应这种发展的社会形态作出大的调整。当前，我国正在进行社会主义现代化建设，社会形态相较传统社会已经发生了巨大变化，传统的“人治”已经不能有效协调当前社会中的各种利益关系，依法治国就成为我们的必然选择，相较传统的社会治理形式而言，法律是最为有效合理的社会治理形式，借助法律各阶层公民有可能达成妥协并实现阶级利益的最大化。卢梭说法律既不是铭刻在大理石上，也不是铭刻在铜表上，而是铭刻在公民们的内心里。培养公民的法律信仰就是为了实现社会由“人治”向“法治”的转变打下良好基础。

建设社会主义法治国家，需要做两个方面的工作：一是法律制度建设，二是法律信仰的培养。前者是指建立一套反映社会关系及其发展规律的法治制度体系，后者是指培养社会公众对法律忠诚的信仰，也就是要树立对法律的信念。法治信念是人们对法律条文自身及法律行为作用的一种高度信赖，是一种理性的热爱，超越了意识与相信，是一种信仰，因此西方社会一般将法治信念也称为法律信仰。孟德斯鸠在探究古罗马何以能够强大时，就认为人们遵守法律不是由于恐惧或理智，而是由于感情而爱法律。

正确反映当前社会关系及其发展变化的法治体系是由相关机构在充分调研的基础上进行科学论证后制定并由人民代表大

会通过执行的，该项工作的主导者只是部分社会成员，而增强大众的法治观念则要求全社会的集体参与，所有公民都得参与其中，涉及面极广，需要做深入细致的工作才能有效提高公民的法律信念。农村人口占我国人口的大多数，增强他们的法律信念必然成为工作的重中之重。在农村进行社会主义法治教育是提高农村居民法治信念的重要途径。

卞水平对公民的法律信仰问题进行了较为深入的研究。他认为要培养公民的法律信仰要从 5 个方面入手，一是要培养公民的权利意识；二是要增强公民对法律价值的感同身受，这是培养公民法律信仰的内在原动力；三是要增强国家公职人员特别是执法、司法人员的法律信仰；四是要避免法律工具主义的消极影响，扫除法律信仰思想上的障碍；五是要通过传统媒体和网络媒体进行法治宣传，这是培养公民法律信仰的基础性工作。可见，培养公民的法律信念需要从多角度、多层次入手，涉及多个行为主体。切不可将培养公民的法律信仰简单地视为对公民进行法律教育，只有多个行为主体共同努力，才能扎实有效推进该项工作的进行。当然，旧有的权力至上理念、运行效果及法律的工具主义都会影响到公民法律信念的培养。在农村进行法治教育活动，遇到的阻力与障碍会更大，这就要求我们必须结合农村社会的实际情况进行艰苦细致的工作来推进法治教育活动的顺利进行。

三、培养农村居民的法律信仰能够有效推动新农村建设

新农村建设是指在社会主义制度下，按照新时代的要求，对农村进行经济、政治、文化和社会等方面的建设，最终实现把农村建设成为经济繁荣、设施完善、环境优美、文明和谐的新农村的目标。新农村建设是落实科学发展观的重大举措，是我国社会主义现代化建设的必然要求，是我国建设小康社会的重点工作，新农村建设涉及农村社会发展的政治、经济与文化等多领域的发展，其中法制建设是新农村建设的重要内容，这

就要求我们应该进一步增强农民的法律意识，提高农民依法维护自己的合法权益，依法行使自己的合法权利的觉悟和能力，努力推进新农村的整体建设。

当前，我国农村已经发生了天翻地覆的变化，在社会转型期农村社会的政治领域与经济领域也出现了一些新问题、新情况，如何协调好各方面的利益与诉求，这日益成为关乎农村社会是否能够顺利发展的理论问题，对这些问题的解决只有依靠法律。法律具有指引、评价、预测、教育与强制作用，通过学习法律使农村居民具有明确的法律意识，以正确的法律观念指导自己的行为；以法律规范来明辨他人的行为是否合法，合法抵制他人的侵权行为，以更好保护自己的利益不受损失；自觉约束自身行为以符合法律规范。随着农村居民法律素养的提高，新农村的建设将更加有序有效地展开。

吕世伦从9个方面阐述了法治教育对于农村和谐社会构建的重要作用，涉及了“三农”立法、依法行政、保护农村弱势群体、维护农村自然环境等方面。总体来看，培养农民的法律意识能够有效协调农村发展过程中的各种利益关系，切实保护农民自身合法权益，密切干群关系，维护社会治安，实现社会公正，使新农村建设在一种公平、公正、合理、有序的状态下进行。

第三节　提高新型职业农民法律意识

法律意识是社会意识的一种，同人们的世界观、伦理道德观等有密切联系，具有强烈的阶级性。社会主义法律意识，是正确守法与执法的思想保证。农民作为中国人口最多的群体，他们的法律意识如何，将直接影响到他们依凭法律捍卫自己的权利和履行法律义务，并对法制的健全、巩固和发展产生重大影响。

一、法律意识的基本内涵

所谓法制，是统治阶级运用法律手段治理国家的基本制度和方法。它包含两方面的内容：从静态上看，它是法律和制度；从动态上看，它是国家机关制定的严格执行和遵守的法律制度，依法对国家进行治理的一种方式和原则。它是立法、执法、守法和法律监督等一系列活动过程的有机统一，其中心环节是依法办事，其核心是公民具备良好的法律意识。

法律意识是人们对于法和有关法律现象的观点、知识和心理态度的总称，是社会法律现实的组成因素。它包括人们对法律和法律现象的本质及作用的理论观点，对法律和法律制度的要求及态度，对现行法律和法律制度的评价和解释，也包括人们对法律和法律制度的认识、愿望和情绪等。公民法律意识由法治情感、法律认识以及法律理念 3 个部分构成。树立社会主义法律意识，是正确守法与执法的思想保证。

二、农民法律意识的现状

从 1986 年开始实施五年普法以来，广大农村干部群众的法制观念和权益意识不断增强，法律意识也逐渐提高，这些都为促进农村市场经济的发展，维护广大农村社会的稳定起到了重要作用。但是我们也应清醒地看到，由于经济发展的不平衡和传统思想观念影响，广大农民的法律意识还不是很健全，还存在以下几方面的问题。

（一）农民法律意识水平总体偏低

受我国几千年人治传统和新中国成立后长期实行的高度集中的计划经济体制的影响，全社会的法律意识不强，政府依法行政也存在不少问题，农村的依法行政与依法行事的社会氛围更加欠缺。一些地方的农村干部在实际工作中主要依据党的政策、号召、行政命令等，工作方式也多是命令型的布置任务。农民群众在生产生活的实践中，法律意识也比较淡薄，法律意识水平急待提高。

（二）农民民主权利意识比较欠缺

中国法律文化传统符合现代法治的因素较少，缺乏人权、主权在民的思想，以礼教为核心的中国传统文化——不重权利重义务、追求绝对和谐，导致了传统法律文化重礼轻法的价值取向，并潜移默化地影响农民的法律意识，使之普遍重传统礼俗而轻法律规范。在农村许多地方，法律的尊严和权威还没有在社会生活中完全树立起来，在某些方面，还依靠政府政策、道德风俗或传统习惯等来调整。

（三）农民参政议政意识不够强烈

由于几千年小农意识的影响，有的农村地区至今还缺乏现代商品社会所具有的那种民主政治的传统。一些农民的民主权利和平等竞争意识比较淡漠，加上极少数村干部在村务管理上独断专横，中饱私囊，侵害集体利益，从而导致农村党群关系、干群关系紧张。在村务管理方面，农民缺少集体感、公益意识和参与意识。以上这些都影响了农民参政议政的积极性，导致其不能充分认识到宪法赋予每位公民的参政议政的神圣权利和职责。

三、提高农民法律意识的途径

一个国家，一个民族，其公民的法律意识的强弱，将直接影响国家的法制建设。农村普法教育活动的重要目标之一，就是要普遍增强农民的社会主义法律意识，提高农民自觉遵纪守法、参与法律监督的积极性，加强社会主义法制，实现依法治国。

（一）加大普法力度，提高农民法律意识

首先，在普法内容上，要尽量贴近农民的实际生活，具体针对农民在实际社会生活中的法律需求。如宅基地纠纷、邻里纠纷、借贷纠纷、继承和赡养纠纷等内容，同时要改变普法中偏重刑法的现象，既要使农民懂得自己的义务，又让农民了解其依法享有的权利以及如何正确行使和保护。其次，在普法形式上，要避免说教方式，采取多种形式和途径。如利用广播、电视、电影、报刊等媒体的文化普法教育作用，同时采用公开

审判、以案说法、发挥司法部门的法制教育功能，向广大农民进行法制宣传和教育，提高农民的法律意识。

（二）全面提升农民综合素养，塑造新型农民

首先，积极培养农民的公民权利意识，提高广大农民的主人翁意识、平等意识、法治观念，从而动员和组织他们积极参政议政。其次，通过大力发展农村文化教育和科技事业，培养农民的现代化综合素养。通过加快农村文化馆、图书馆等基层文化设施建设步伐，努力丰富农民的精神文化生活，提高农民科学文化素养，从而培育和提高农民民主素养和能力，使农民由传统农民转变为新型农民。要把提升农民的综合素养作为一项社会系统工程，用先进文化教育农民，积极倡导健康文明的新风尚，用社会主义先进文化占领农村思想阵地，努力培养一大批有文化、懂技术、会经营的新型农民。

（三）提高农村执法和司法水平，增强农民对法治的信心

法律在生活中对农民的影响最为深刻，农民对法律的感知、观念、意识中，有部分来自于执法机关的具体执法和司法行为。只有加强农村执法和司法，才能有效地培育农民的现代法律意识。首先，提高执法者的素养，规范其执法行为，以杜绝执法者在农村执法中徇私枉法、违法执法、滥用执法权等极大危害农民现代法律意识的行为。其次，严格依法行使司法执法权。要注意通过正确的司法执法行为来引导农民树立现代法律意识；要发挥农村的司法执法行为的示范教育作用。农民学习法律知识讲究“看得见、摸得着”，而司法执法过程中对典型案件的示范，既使农民了解了有关法律的实体规范，也懂得了有关的程序规范，从而可以有效地培育农民的现代法律意识。最后，要加强对农村干部的法律培训和指导，要强化多方位的执法监督，依法办事，逐步树立起法律的权威，尽快提高乡村干部的法制观念和执法水平，进而增强农民对实行法治的信心。

（四）完善农业和农村法律制度，促进农村法制建设

加强农村法制建设，必须健全和完善与农业、农村、农民有关的法律法规，使农村的政治、经济、文化活动做到有法可依。要重视农业和农村方面的立法，在立法中要坚持发展农业农村生产力和维护农民合法权益的原则。要加快立法进程，对与农民利益密切相关的一些问题应尽快用法律加以规范，保护农民合法权益。同时也要提高立法质量，把立法的范围、重点和行为准则的尺度与农村和农民实际紧密结合起来，让农民真正体会到法律是为他们服务的，从而提高广大农民守法的自觉性。

第四节　深入开展农村普法教育

衡量一个人法律素养的高低，不是看他掌握的法律知识的多少，而是看他能否主动地在社会实践中运用法律。“法律意识最终只有转化为适法行为，才能真正显示出它的意义和价值。”因此，要提高广大农民的法律素养，必须深入开展农村普法教育，使农民学法、懂法、遵法、守法，切实维护社会的稳定，更好地实现自身的权益。党中央国务院《关于推进新农村建设的若干意见》中明确提出，要“加强农村法制建设，深入开展农村普法教育，增强农民的法制观念，提高农民依法行使权利和履行义务的自觉性”，将农村普法教育作为推进新农村建设的重大措施加以提出，从而为深入开展农村普法教育工作指明了方向。

一、农村普法教育的重要性

新农村首先应当是和谐稳定的新农村。随着改革的深入进行，社会形势急剧变化，农村也相应地出现了许多新情况、新问题。通过深入开展农村普法教育，丰富农民的法律知识，增强法治观念，提高法律素养，让广大农民掌握合法与违法的界限，养成自觉遵守法律的习惯，懂得依法维护自己的合法权益，主动行使法律赋予自己的各项权利，才能够有效保障农村各项活动依法有序进行，从而最大限度地防止和减少因不知法、不懂法引发的各种影响农村社会稳定事件的发生，营造和谐稳定的新农村。

（一）加强农村普法教育有利于促进农村生产发展

生产发展是新农村建设的首要任务。当前，我国市场经济体系日渐形成和完善，农民在发展经济、推进产业化经营的过程中，需要一个和谐的生产经营环境，需要企业做到依法经营、公平竞争、诚实守信，需要依法维护农民的合法权益，这就要通过深入开展普法教育，发挥法制的促进和保障作用。

（二）加强农村普法教育有利于促进农村精神文明建设

乡风文明是建设新农村的精神支柱。一个时期以来，在一些地方，特别是农村，封建迷信思想、宗族观念、邪教组织和邪教势力有所抬头，严重影响了农村的社会风气。深入开展农村普法，净化社会风气，有利于全面提升农村的文明程度和农民的文明素养。

（三）加强农村普法宣传教育有利于促进农村和谐稳定

和谐稳定是新农村的基本特征。当前，由于利益的调整和再分配，在农村必然会产生各类矛盾和纠纷。有的基层干部不依法办事，侵犯农民生产经营权、侵占集体资财等；农民不能正确处理国家、集体和个人三者利益关系，不依法履行应尽的各种义务；邻里之间经常为争承包地、宅基地等发生纠纷，等等。要化解矛盾、解决问题，最根本的办法是要靠教育，靠法治。通过在广大农村普及法律知识，促使干部群众养成自觉守法、依法办事的习惯，促进农村社会进一步和谐稳定。

（四）深入开展农村普法教育有利于提高农民素养、培养新型农民

法律素养是建设新农村的新型农民的必备素养。通过深入持久的普法工作，使农民的法律知识普遍丰富，法律素养普遍提高，正确行使当家做主的民主权利，正确履行村级民主管理的责任，从而担当起新农村建设和管理的重任。

二、农村普法教育存在的问题

普法教育是一项长期而艰巨的工程。自 1985 年至今，我国农村历经了 5 个阶段的全民法制宣传教育，广大群众学法、用法的自觉性不断增强。特别是“五五”普法以来，将农民作为重要的普法对象，走进农村、走进社区的普法活动日趋丰富。但是，农村社会成员的法律素养与机关单位和城镇社会成员的法律素养相比，还有一定的差距，大多数农村社会成员的法律意识还停留在初始启蒙阶段，在一定程度上阻碍了农村基层民主法制建设进程，与建设新农村不相适应。

（一）思想认识不足

一些农村基层干部在执行党和国家路线、方针、政策时，习惯于“上头怎么说，下面怎样干”，依法办事的意识不强，导致农村矛盾增多，稳定隐患增大。同时，农民群众依法自我保护意识不强，当自己的利益受到不法侵害时，要么怨天尤人，自认倒霉；要么搞家族主义，人多势众；要么一味蛮干，不惜铤而走险，一般不通过法律的渠道来解决。一些农民群众对法治的精神实质缺乏理解，片面强调对自己有利的一面而忽视所应承担的义务，法制思想淡薄，整体上影响了农村的法制环境。

（二）法律供给不够

2009 年，全国农村人均纯收入达 5 176 元，随着农村居民物质生活水平的显著提高，必然增加对法律文化的需求。尤其在农村承包经营、农村个体企业异军突起，农民企业家不断涌现，农村富裕劳动人员不断向城市流动，农村与城市差别逐渐缩小，与外界的社会交往日渐频繁的情况下，农村社会成员渴望懂点法律知识来维护自身合法权益，防止自己在不知晓的情况下做出违法举动的心情极为迫切。但是，农村的法制宣传教育还没有与农村社会成员对法律知识的需求相匹配，滞后于农村经济发展水平，不能满足农村日益增长的法律需求。虽然近几年来，通过文化下乡、“法律六进”等途径在一定程度上有所改善，但是“送法下乡”送到的地方一般还只能在乡镇一级，直接到村的还很少。

（三）活动开展不易

随着农村经济的多元化，农村社会成员独立作战、各自为政，自由活动空间大，组织农民群众集中学习法律知识存在很大困难。一方面，农村人口居住分散，交通不便捷，加上农村地域范围广，有的一个中心村面积达几十平方千米，参与不方便；另一方面是农村剩余劳动力几乎全部外出打工，留在家里的多是老人、妇女和儿童，参与意愿不强。

（四）形式手段不多

近几年，全国普法宣传的形式在不断创新，途径在不断拓展，每年都有新的载体推出，如冬春季节开展的“五下乡”活动中都有法律咨询，“法律六进”活动也比较有声势。但是具体到行政村、自然村，普法宣传教育很大程度还是出板报、搞专栏、开动喇叭、张贴标语，普法宣传形式传统单一，缺少吸引力。另外，由于普法宣传教育人员深入农村不够，编写的教材不能满足农村普法教育的实际需要，普法宣讲的针对性、通俗性不够，给人感觉是“走过场”，影响了农村普法宣传教育的深入。

三、提高农村普法教育实效性的对策

提高农民法律素养，既是我国农村民主法制建设的一项基础性工作，也是贯彻落实党的依法治国基本方针和政策，建设新农村的可靠保证。为此，必须深入开展农村普法教育活动，提高新形势下开展农村普法教育的实效性，帮助农民尽快掌握一些应知应会的法律常识，坚持依法办事、按政策办事，不断提高广大农民的政策法规水平，从而达到增强农民的法制观念，提高农民依法行使权利和履行义务的自觉性，推进新农村建设的目的。

（一）突出重点，整体推进

突出重点内容。围绕服务“三农”、维护稳定，有针对性地开展宪法和村民委员会组织法基础法律知识的宣传教育，土地管理、土地承包有关法律政策的宣传教育，禁毒禁赌和村规民约等的宣传教育。重点宣传事关人民群众切身利益的法律法规，做到农村法制建设现状缺乏什么法律就突出宣传什么法律，农民需要什么法律就重点宣传什么法律，使农民群众通过普法教育，得到实实在在的、方便实用的法律知识。

突出重点人群。针对不同对象，采取各种行之有效的方法开展法制宣传活动，继续开展法律知识进万家，努力扩大法制宣传教育覆盖面。既突出村干部、村民代表、青少年等普法重点对象，又覆盖绝大多数的农民群众，特别要抓好农村基层干部的普法教育和农村转移劳动力的普法教育。积极推进农村基层干部学法、用法，建立健全农村基层干部学法、用法制度，定期开展农村基层干部法制培训。针对农村富余劳动力流动性大、工作和居住分散、文化水平低、缺乏学法主动性等问题，采取分时培训、追踪宣传等形式，提高普法教育的实效性和针对性。

（二）创新载体，巩固阵地

在新农村法制宣传教育工作中，需要建立布局合理、点面结合、功能齐全的法制宣传教育阵地，以此作为开展长期法制宣传教育的载体。要在各村、组醒目位置建立法制宣传栏或法制宣传橱窗，定期更新内容，向村民宣传法律。要建立村级法律服务工作室，依托乡镇司法所，整合当地的法律人才资源，邀请当地法律服务工作者、派出所干警、有法律教育背景的教师为法律服务室工作人员，参与调处纠纷，代写法律文书，提供法律咨询等，在调解纠纷、提供法律服务中结合身边的案例开展法制宣传教育。要设立乡镇法律援助工作站和村级法律援助工作联系点，招募乡、村法律援助志愿者，为广大农民提供法律援助服务，确保每个农村贫弱者享有法律援助带来的实惠，维护农村贫弱群体的合法权益。要在有条件的村民委员会建立“村民法制学校”，有组织、有计划地组织农村党员干部以及村民代表上法制课，以学校培训带动农民学法。

（三）整合资源，建设队伍

要在继续采用传统法制宣传形式的基础上，积极探索新思路，拓宽新领域，通过实施法制宣传到乡村、法律咨询和法制讲座到乡村、以案示法到乡村、人民调解落实到乡村、综合治理到乡村等具体措施，大规模深入农户第一线，广泛开展法制宣传教育活动，把法制宣传教育与解决农民群众实际涉法问题相结合，与综合治理专项整治相结合，与基层民主法制建设相结合，与法治实践相结合，使其真正融入矛盾纠纷调解之中，融入法律服务之中，融入司法活动之中，融入文化娱乐之中，有效地提高法制宣传效果。

（四）健全机制，强化辐射

在机制上，按照抓基层、打基础的要求，制定下发相关的条例、意见，从农民法制素养的主要内容、基本要求以及基层综合治理组织建设、制度建设和工作程序等方面，进行系统规范，实现工作的制度化、规范化，有力促进农民法制素养的提升，确保农村的社会稳定。在方式上，坚持“四个结合”，不断增强学习的新颖性、实效性，坚持下派干部进村讲解与送法下乡相结合；坚持集中学习与经常性宣传相结合，利用法制宣传日进行主题宣传，举办专题讲座；坚持法制服务与调处纠纷相结合，以法律服务机构为主体，通过律师、公证员、基层法律工作者提供个案法律服务达到以案释法、解决矛盾、教育群众的目的；坚持抓点与抓面相结合，大力表彰学法守法先进单位，充分发挥典型的示范辐射带动作用，发挥良好的社会效应。

第五节　提高新型职业农民法治素养的策略

在社会主义法治教育中，既要坚持一定的教育原则，又要处理好多种关系。在具体工作中，要坚持从实际出发，为群众服务的政治导向性和重点学习与普遍学习相结合的原则，同时要努力处理好法治教育、文化教育与法治实践之间的关系，以及法制教育与生产实践之间的关系。只有坚持以上原则并同时处理好相关关系，才能保证农村地区的社会主义法治教育深入有效的开展。

一、加快农村区域经济发展与进行社会主义法治教育共同推进

经济发展与法制建设之间有着密切的关系。经济基础决定上层建筑，法律作为上层建筑的重要组成部分，也应由经济基础的发展而决定，法律也能为经济发展提供保障，同样离开了经济发展，法治建设也就失去了明确的方向和物质条件。

发展农村区域经济对在农村进行法治教育具有重要作用。首先，在农村进行社会主义法治教育是一项长期的工作，需要动员社会多个系统部门参加，资金支持必不可少。在农村开展法治教育工作，离不开各级政府拨付资金支持，如果要将法治教育工作长期化、制度化，还需要农村社区自筹资金作为补充，这就需要农村社区大力发展社区经济来保障。其次，农村区域经济的发展为法治教育提出了新的要求。改革开放以后，随着社会主义市场经济的发展，市场成为农村资源配置的主要因素，农村的市场经济体制也逐渐建立并获得较大发展。在此背景下，传统的社会关系与利益诉求在农村市场经济的冲击下，产生了很大变化，这种变化在经济发展领域更大，因此需要我们在制定新法律制度的同时，还需要在农民中普及法律知识，使农民知法用法，学会用法律武器来保护自己的合法权益。最后，大力发展农村区域经济，为普法工作创立良好的经济环境与社会环境。穷国无法治，“仓廪实而知礼节”，法治理念的熏陶需要以一定的社会经济发展为前提。经济的发展给人们带来了 3 个方面的变化，一是有了更多的时间来学习法律；二是经济发展

会使农民的个人财富有所增加，维护私产也就成了农民的一项重要任务，他们会主动寻求法律保护；三是经济发展使农村社会关系与经济关系日趋复杂，法律是人们日常行为的重要规范，只有不断学习法律知识才能够满足自己的法律需求。只有将法治教育与社会主义市场经济的发展结合起来才能切实推进农村的法治教育工作。

二、完善农村法律体系，在实践中培养社会主义法治理念

新中国成立以来，法治建设取得了很大进步，逐渐形成了具有中国特色的法律体系，大大推动了中国的法治化进程，为实现公平与正义作出了很大贡献。然而我们也必须看到，社会的发展是无止境的，法律作为协调规范社会关系的一种工具，也应该与时俱进，既要增加一些适应新的社会情况的法律制度，也要废除那些不合时宜的法律法规。近几十年，我国农村社会发展迅速，日新月异，新情况、新现象层出不穷，有些法律法规已经很难适应发展中的农村社会，这就要求我们要不断调整相应的法律法规，尤其是涉农法律法规的制定更成为重中之重。当前，我们只有加快立法步伐，农村工作才能有法可依，农村社会发展才能走上法治化的道路。

加快农村的立法工作，首先要注意立法项目的针对性，要注意两个针对，一是针对重点领域，二是针对不同地区。严格按照科学发展观的要求，科学论证，关注那些对农村发展最为迫切的领域，要加快立法。对那些涉及农村分配制度、医疗保障、养老保障及反贫困等问题的法律法规要提到优先立法的位置。我国各地社会经济发展很不平衡，农村社会发展情况也千差万别，因此各地方立法机构还要认真调研当地具体情况，制定出适合当地农村社会经济发展的地方性法律法规。总之，要使我国各地农村社会经济生活的各个方面都能做到有法可依。博登海默说，法律制度之所以会得到社会大多数成员的遵守，乃是因为它服务于他们的利益，为他们所尊重，或至少不会在

他们心中激起敌视或仇恨的情感。因此，在完善农村社会服务体系的过程中，还要充分考虑到新时期农村利益的多元化。

其次，健全农村法律体系还要注意农村立法的质量与技术要求，这就要努力做到民主立法与科学立法。在农村立法过程中，要广泛听取基层百姓的意见，要借助听证会等形式向社会广泛征求民意，力争使新制定的法律法规能够回应民众的现实诉求。科学立法就是要使立法工作既要符合社会发展规律，又要符合法律自身的发展规律。法律制定要准确反映所调整的农村社会关系的本质和内在规律，还要处理好法律的稳定性和变动性、前瞻性和现实性、原则性和可操作性的关系。

三、加强农村法律运行机制建设，维护农村的司法公正

法律的生命力在于实施，如果法律得不到很好的执行，那么法律也就失去了存在的价值，依法治国必然要以法律的高效、理性运行为基础。新中国成立以来，尤其是党的十一届三中全会以后，我国建立了较为完备的社会主义法律体系，法律的运行机制也得到逐步完善，然而在农村地区，由于各种历史文化因素的影响，法律运行机制还有待进一步完善。

维护农村社会司法公正，必须加大执法力度。执法是法律运行过程中最为动态的一个环节，执法效果如何直接关乎法律的尊严与社会公平正义能否真正实现。当前应该加强执法队伍建设、保障执法经费充足，进一步完善执法机制及监督制度，才能根本改变农村执法力度薄弱的现象。当前我国农村基层司法机构及执法机构编制不足、人员短缺现象较为严重，同时已有人员的业务素养参差不齐，影响了执法质量，因此需要进一步加强队伍建设，这直接关乎执法质量的高低。当前农村基层执法机构经费也存在较大缺口，执法人员待遇偏低，执法设施不齐备，也大大地影响了农村地区的执法力度。此外，还应完善农村法治维护机制，要约束政府权力、依法行政，完善行政执法制度；坚持司法独立，完善司法制度。农村地区社会现象

复杂多样，执法难度较大，在具体的法律实践过程中，现有执法监督制度已经不能很好地满足当前执法监督的需要。由于受到家族势力及群众法治观念薄弱的影响，在村庄内进行执法监督更存在现实的困难，因此我们应该建立群众监督执法制度，设立专门机构为群众反映问题提供方便。

四、加强农村基层法律服务制度建设，拓展农村法律援助范围

法律援助是指由政府设立的法律援助机构组织法律援助人员，为经济困难或特殊案件的人给予无偿法律服务的一项法律保障制度，法律援助是依法治国的重要保障。目前我国正处于社会转型期，弱势群体已成为一个规模庞大、结构复杂、分布广泛的群体，主要包括孤、寡、残疾、下岗、失业、农村失地、失保人员等，弱势群体在社会竞争中处于不利地位，往往陷入贫者越贫、弱者越弱的社会境地，对社会公平与正义造成了极大的挑战，同时也影响了社会的稳定及社会的整体发展。在社会转型期的农村，弱势群体的存在更为普遍。由于社会经济发展的不平衡，农民在与外界打交道的过程中，往往因缺乏信息与法律知识而处于不利地位，农村还存在一些鳏寡孤独者，应该为他们提供法律援助，以此来维持社会公平正义。近年来，我国农村社会发展迅速，城镇化进程加快，对弱势群体的救助又出现了一些新情况、新问题，如在房屋拆迁及土地征用、养老保障及医疗保障等方面，弱势群体的利益不能得到很好的保护，因此政府应该为转型期的农民提供有针对性的法律服务，为他们提供免费法律咨询来维护公平正义。法律是维护社会公平正义的最后一道防线，提供法律援助是维护农民及弱势群体利益的最基本保障。法律援助能够很好地呼应转型期农村的各种利益诉求，解决困难群众的现实困难，也夯实了执政党的执政基础，有力地推动了农村社会主义和谐社会的构建。

五、提高新型职业农民法治观念是农村法治建设的根本

要提高农民的法律意识和法治观念，一要从改变农民的传统意识入手，改变那些与社会主义法治建设相悖的传统理念，诸如权大于法、重刑轻民与情义本位等错误认识，先破后立。如果传统观念不废除，那么农村法治教育就不会深入，甚至流于形式。将现代法治观念深化于心，培养运用法律的自觉性才是农村法治教育的根本目的。二要引导农民自觉守法、用法。在涉及集体事件时，相关部门要主动送法下乡，不要等纠纷出现以后再找法，要引导农民以法律的眼光看待日常生活的方方面面，要防范纠纷于未然。三要开展有重点、有针对的普法教育活动。要对农村社会发展过程中出现的关乎民众切身利益的敏感问题重点普及相关法律，让百姓尽快亲身感受到法律的保障作用，提高他们的法律维权意识。要大力开展与城镇房屋拆迁、农村土地征用和承包地流转等相关法律法规的宣传教育，预防和减少社会矛盾。四要采取灵活多样的方式进行普法教育活动。改变过去那种政府主动策划实施，农民被动接受的普法教育模式，要结合农村实际采用多元形式进行普法教育。广大农民的文化水平普遍不高，老百姓更乐意人际传播与组织传播，对于书面传播方式并不感兴趣，因此可以采取以案说法、在农贸集市设立法律咨询点以及文艺演出等通俗易懂、生动形象、群众喜闻乐见的形式，使农民群众在寓教于乐中增强法治观念，在潜移默化中提高法律意识。同时还应发挥现代传媒的巨大优势，充分利用广播、电视、网络等媒介覆盖面广、渗透力强、传播速度快的优势，开展农村普法工作。在普法过程中，我们既要考虑到普法工作的可及性，还要关注可得性问题，只有不断拓展普法工作的渠道和方式，才能增强农村普法工作的实效，真正提高农民的法律意识。

六、加强公民意识教育，为社会主义法治理念教育提供支持

党的“十七大”报告首次提出，要加强公民意识教育，树立社会主义民主法治、自由平等、公平正义理念。加强公民意识教育对于培育社会主义法治文化，推进社会主义民主政治，实现社会的公平正义具有重大的理论和实践意义。公民意识是指公民个人对自己在国家中地位的自我认识，也就是公民自觉地以宪法和法律规定的基本权利和义务为核心内容，以自己在国家政治生活和社会生活中的主体地位为思想来源，把国家主人的责任感、使命感和权利义务观融为一体的自我认识。公民意识主要表现为参与意识、监督意识、责任意识、自主理性意识与法律意识。法律意识是公民意识的重要组成部分，是指公民在处理社会问题、利益关系及人与人之间关系的时候要遵从一定的规则，既不是某些个人或集体决定，也不是个人的感性冲动，而是一种基于全体社会成员共同认可的价值观或社会合意。因此，在农村进行法治教育必须加强公民意识教育，培养正确的民主政治观念、树立自由平等、公平正义的理念。首先，要培养基层干部的公民意识，加强对宪法赋予的公民权利和义务的认识，使他们能够在宪法和法律的框架内行使权力，保障村民权益不受侵害。其次，要对广大村民进行公民政治道德教育，要学习“八荣八耻”，提高农民的政治素养与觉悟，激发他们的公民意识。加强公民意识教育，维护法律权威，是树立社会主义法治理念的关键。

模块六　新型职业农民文化素养

第一节　文化素养与农民文化素养的内涵

一、文化素养的内涵

文化素养指人们在文化方面所具有的较为稳定的、内在的基本品质，表明一个人的文化知识水平及思想观念、文艺素养等人文素养。在信息社会，文化素养不只是学校文化教育所传授的文化知识，还包括通过各种社会途径、社会活动所获得的哲学、历史、文学、经济学、社会学等方面的知识。这些知识通过人的语言、文字、逻辑思维、理念等体现出来，也通过人的日常行为反映出人的个性气质。文化素养也是一个人在具体的社会历史环境中，经过较长时间的学习、磨炼、陶冶所形成的精神品格和内在涵养。它基本上是由以下几个方面的素养融合而成的。

（一）文化知识素养

文化知识素养是人的文化素养的“气息”与“韵味”。它包括两个方面的内容：一是一个人所具有的文化知识的广度和高度；二是一个人所秉赋的文化气质与文化品格。一般说来，一个人没有或缺乏文化知识，势必缺乏文化知识素养。但是，文化知识素养决不仅仅意味着一个人所具有的文化知识的数量乃至质量，它更意味着一个人所秉赋的文化气质与文化品格。也就是说，一个人文化知识素养的高低不仅取决于他所掌握的文化知识的多少，还在于他是否具有文化气息与文化品格。

（二）生活实践素养

生活实践素养是人的文化素养的基础。它包括两个方面的内容：一是人生阅历和实践经验，这是一个人最可宝贵的财富之一；二是将外在的社会生活体验内化为自己的人文素养。因此，一个人的社会生活实践和社会阅历对其文化素养的养成有重大影响，人们应该注重自己的社会实践，并在与社会交往的过程中汲取有用的文化营养，从而不断地提高自己的文化素养。

（三）思想理论素养

思想理论素养是人的文化素养的“脊梁”和“灵魂”。它也包括两个方面的内容：一是一个人所具有的思想理论知识的广度与高度；二是一个人所具有的思想理论观念的先进与落后。其中思想理论素养最重要的内涵是思想理论观念。

（四）情感意志素养

情感意志素养是人的文化素养的内在反映，它往往转化为人的志气、毅力等内在素养。人才成长的实践反复证明，在促使一个人获得成功的各种因素中，志气比才气重要，毅力比智力重要；一个人缺乏志气，缺乏良好的意志品质，即使再聪明，再有才华，也可能无大作为或无所作为；世事艰难，苍生苦多，没有挺拔的志气和顽强的意志，是做不成什么事情的。

（五）文化艺术素养

文化艺术素养是指人们对文化艺术活动的兴趣爱好、欣赏鉴赏和参与文化艺术活动的能力和素养。它包括文学、戏剧、电影、电视、音乐、舞蹈、美术、摄影、书法、曲艺、杂技等文学艺术的创作能力和欣赏能力的总和，是社会文化事业发展水平的一个标尺。文化艺术素养是公民文化素养的重要组成部分，提高公民文化艺术素养对于繁荣社会主义文化具有基础性的作用。

以上各种素养不是彼此孤立、互不相干的，它们既有区别，又相互联系，相互制约，实际上是交融在一起的。它们是一个整体，共同显示出一个人的文化素养的状况和水平。公民的文化素养是一个民族与国家的基本气质、基本性格和基本形象的综合反映。今天，国家与国家的竞争直接表现的是科技的竞争、人才的竞争，但其背后与国民文化素养的高低密切相关。我国农民占了人口的大多数，农民文化素养的高低对我国国家综合竞争力的高低有着极为重要的影响。

二、农民文化素养的内涵

农民文化素养一般是指其所具备的文化知识水平，反映农民接受文化知识教育的程度和掌握文化知识的多少，也包括农民的思想观念、志气毅力、文化艺术素养等人文素养。一个国家或地区的农民文化素养状况，主要是采用农民接受文化知识教育的平均年限——文化程度指数来衡量。文化程度指数越高，说明接受文化知识教育的时间越长，所能达到的文化素养水平就越高。同时，农民文化素养还包括农民在生产、生活实践中学习、磨炼、陶冶所形成的反映农民综合素养的、体现农民时代特征的精神品格和内在涵养，它的高低对新农村建设有重大影响。

第二节　农村文化建设

一、文化与农村文化

（一）文化是人类社会特有的现象，它是由人所创造，为人所特有的，是人们社会实践的产物

广义的文化是人类创造出来的所有物质和精神财富的总和。其中包括世界观、人生观、价值观等具有意识形态性质的部分，又包括自然科学和技术、语言和文字等非意识形态的部分。狭义的文化是指人们普遍的社会习惯，如衣食住行、风俗习惯、生活方式、行为规范等。

（二）农村文化是指在农村地域，农民以民族特点、民俗活动等紧密结合所创造出来所有物质和精神财富的总和

农村文化具有典型的地域性特点，不同地方活动方式和活

动载体也存在着较大的差异。中华五千年文明，农民也是主要的创造者，他们一直在以自己的方式满足自己的文化需求。农民是农村文化活动的主体。

农村要进步，农业要发展，农民要致富，加强农村文化建设是基本工程。用先进文化占领农村文化阵地，为群众提供健康而又丰富多彩的精神食粮，既是深入落实科学发展观，构建农村和谐社会，促进农村物质文明、政治文明、精神文明建设的内在要求，也是建设新农村的重要手段和有效措施，更是实现国家长治久安和全面建设小康社会的需要。在推进新农村建设进程中，如何把农村文化建设的整体规划，与农村民主政治建设、发展村级经济、整治村容村貌等同步建设，整体推进，这是我们当前必须着重解决的一个重要课题。

二、我国农村文化事业发展基本情况

（一）新型职业农民文化生活日益丰富

近年来，随着国家粮食保护价的上调，惠农政策的出台，新农村建设步伐的加快，农村经济社会实现了较快发展，农民的生活水平显著提高，文化生活也得到了一定改善，物质文化生活日益丰富。目前，农村文化活动形式主要以广播电视为主，以报刊杂志、网络传播、群众文化、广场文化为补充，呈现出现代化、多样化的趋势。

（二）农村文化基础设施得到改善

国家在构建公共文化体系及加强公共文化产品、服务供给和加快城乡文化一体化发展方面有明确的规划。增加农村文化服务总量，缩小城乡文化发展差距，以农村和中西部地区为重点，加强县级文化馆和图书馆、乡镇综合文化站、村文化室建设，深入实施广播电视村村通、文化信息资源共享、农村电影放映和农家书屋等重点文化惠民工程，扩大覆盖、消除盲点、提高标准、完善服务、改进管理。大力推进农民体育健身工程。加大对革命老区、民族地区、边疆地区、贫困地区文化服务网络建设支持和帮扶力度。引导企业、社区积极开展面向农民工的公益性文化活动，尽快把农民工纳入城市公共文化服务体系，努力丰富农民工精神文化生活。建立以城带乡联动机制，合理配置城乡文化资源，鼓励城市对农村进行文化帮扶，把支持文化建设作为创建文明城市基本指标。鼓励文化单位面向农村提供交流服务、网点服务，推动媒体办好农村版和农村频道，做好主要党报党刊在农村基层发行和赠阅工作。扶持文化企业以连锁方式加强基层和农村文化网点建设，推动电影院线、演出院线向市县延伸，支持演艺团体深入基层和农村演出。

（三）农村群众文化活动蓬勃开展

送戏下乡、送书下乡、送电影下乡等形式多样的文化下乡活动广泛开展，热潮不断，农村露天文艺演出，群众观看积极性高涨。以地方特色为主题的系列文化活动、乡镇大型文艺汇演活动，各种棋类比赛、球类比赛、秧歌比赛、书画展等赛事活动极大丰富和活跃了农民业余文化生活。剪纸、根雕、手工编织、二人转、彩绘等民俗特色文化得到保护和发展，积淀了县域农村文化底蕴。

（四）农村劳动力文化程度不断提高

九年义务教育的普及和职业教育的深入发展，农民，特别是农村青年劳动力的文化程度不断提高。另外，随着改革开放的不断深入，一部分农村劳动力从土地的束缚中解脱出来，外出务工，吸取了城市的先进文化，文明程度也在不断提高。

（五）新型职业农民文化生活消费逐年增长

随着农村各项改革的深入和惠农政策的出台，农村经济日益发展壮大，农民收入持续增长，生活消费水平和消费质量不断提高，精神文化生活质量不断得到改善和提高。

三、农村文化存在的主要问题

（一）农村文化基础设施建设总体上依然薄弱

资金困难是制约农村文化设施建设的瓶颈，农村文化建设的速度与人民群众的需求仍有很大差距。虽然近年来农村文化基础设施建设步伐加快，但还仅限于新农村建设试点村，其他村大多由于无力投入而导致建设步伐缓慢，多数文化设施不能正常使用。

（二）农村文化活动开展不平衡

目前的各类文化活动大部分仅限于城镇，边远地区的农民群众不能充分享受到文化服务，出现了“重城镇阵地、轻边远地区，重大型庆典、轻日常活动，重精美培养、轻大众普及”的现象。

（三）农村文化活动缺乏地域特色

没有树立起自己的地域文化形象，群众文化活动形式与服务方式沿袭传统模式多，方式过于简单，内容缺乏创新，群众文艺创作力量比较薄弱，群众喜闻乐见、丰富多彩的文化活动形式没有被充分挖掘和利用，在一定程度上限制了农村文化的辐射力和影响力。

（四）农村文化管理服务职能偏弱

作为农村文化管理服务职能部门的乡镇文化站，普遍存在专业人才缺乏、人员素养偏低的问题，并且文化干部身兼数职，行政事务繁忙，没有精力和时间开展群众文化活动。个别乡镇文化站甚至成了无人员、无阵地、无经费、无活动的“四无”文化站。

四、对策及建议

（一）加大资金投入，加快农村文化设施建设步伐

把农村文化建设纳入经济社会发展总体规划，县乡财政设

立专项经费，保证乡镇综合文化站建设和各项文化活动正常开展；相关部门应紧紧抓住国家加大对文化信息资源共享工程和社区、乡镇综合文化站建设投入的契机，积极跑市、进省，争取国家政策更大的支持，实现每个乡镇都有一定规模的综合文化活动室的目标；积极探索建立多渠道的农村文化建设投资机制，培植农村文化市场，吸引企业向文化产业投资，挖掘、整理、加工农村民族民间传统文化艺术产品，打造品牌走向市场，为农村文化建设提供强大的动力支撑。

（二）协调发展城乡文化，不断丰富农村文化活动内容

文化活动内容决定着文化活动对群众的吸引程度，直接影响着文化活动的成效。农村文化要由“小文化”发展成“大文化”，促使城乡文化协调发展。县文化部门要加强对乡镇主管文化工作人员的思想、业务培训，促使其解放思想，更新观念，提高技能，不断探索创新乡镇文化事业和文化产业的发展道路；乡镇文化站要面向广大农民群众，利用方便农民参与的文化设施和场所，组织开展农民喜爱的、形式多样的文化娱乐活动。要把文化活动同农民的思想教育结合起来，充分发挥文化艺术在思想教育中的作用；要采取固定设施和流动设施、阵地服务和流动服务相结合的方式，让更多的群众享受到文化生活；要培养和激励“乡土艺术家”，激发农村自身的文化活力；要发挥农民参与群众文化建设的积极性，通过业余文化骨干队伍的培养来带动群众文化活动，实现农民群众自我娱乐；要发挥农民参与群众文化建设的积极性，充分利用本地非物质文化遗产优势，引导群众继承传统文化，弘扬先进文化，彰显本地特色；通过城乡并举、专兼结合、内外互动的办法，办好元旦、春节、元宵节、端午节等传统节会活动，逐步形成有地方特色、有较大知名度的群众文化节会品牌。

（三）加强农村文化队伍建设，大力传播先进文化

农村文化干部队伍是农村文化的主力军、先锋队。要抓住国家大力支持农村文化事业发展的大好机遇，采取有效途径和办法，吸引专业人才充实到基层综合文化站。要着力帮助解决基层文化干部实际困难，让他们稳定思想，安心工作，积极参与到农村文化建设中。农村文化工作人员要向专职化发展，要积极为他们参加政治理论学习和业务培训创造条件，不断提高其理论素养和业务水平，更好地为推进健康、向上、和谐的乡村文化建设贡献力量。新农村需要新文化，新文化要顺应新形势，贯彻新要求，服务新需求。加强农村文化建设，归根到底要落实到广大农民群众最关心、最迫切要求解决的问题上来，给农民群众以看得见的实惠和希望，不断改善农民群众的物质文化生活和精神文化生活。

第三节　农村教育事业

一、我国农村教育现状

（一）农村教育基础薄弱

农村教育基础薄弱，农村经济发展普遍落后，财力不足，因此导致农村教育投入不足。目前，我国农村中小学的教学硬件设施，陈旧落后，而且严重不足。全国仅有一半左右的中学和乡镇中小学建立了实验室，而绝大多数的实验室的仪器配备尚不完善，危房大量存在。造成这一现象的主要原因是国家和地方政府对农村基础教育投入严重不足，财政供给与需求之间存在巨大的缺口。

（二）农村师资力量不足，教师整体素养不高

教师学历达标率低，年龄老化，教育观念陈旧，教学方法落后。因为经费问题，农村教师参与教育培训的人极少，知识缺乏更新，教学手段单一。以上因素严重制约着农村教学水平的提高。

（三）农村自然条件差异大、区域发展极不平衡

我国农村地区经济社会发展差异很大，因此，农村地区之

间的教育发展的差距越来越大，尤其是经济不发达地区与发达地区的农村基础教育的差距更大，农村基础教育的区域发展失衡。

（四）农村儿童辍学率较高

由于农村的经济收入不高，难以支付学习费用；因为就业压力较大，在部分农民中出现了“读书无用论”的观念，尤其是女童的辍学率较高。

二、新时期农村教育政策

（一）管理体制

农村义务教育经费的管理实行由国务院和地方各级人民政府根据职责共同负担，省、自治区、直辖市人民政府负责统筹落实的体制。两免一补（免费提供教科书、免杂费及对其中的寄宿生补助生活费）在全国全面推开。

（二）教育经费投入

由国家负担，地方政府配套，省、自治区、直辖市负责统筹。针对义务教育经费机制改革存在的问题，要求进一步严格规范农村义务教育阶段学校收费行为，禁止各种变相收费；要求进一步细化农村中小学预算工作；要求确保“一补”政策落实到位；要求依法保障义务教育阶段教职工合理收入，要求积极做好“普九”债务清理化解工作。

（三）深化课程与教学方法改革，逐步推行小班教学

配齐音乐、体育、美术等薄弱学科教师，开足规定课程。大力推广普通话教学，使用规范汉字。课程改革在全面实施素养教育中发挥了核心和关键作用，整体推进了基础教育观念、人才培养模式、考试评价制度、师资队伍建设、教育管理等方面的配套改革。各地要注重德育为首，育人为本，开展阳光体育，增进学生体质，加强美育熏陶，塑造高尚情操，努力促进学生全面发展。

三、我国农村教育的具体目标和教育公平的措施

（一）我国农村教育的目标

1. 加快发展学前教育

落实各级政府发展学前教育责任，明确地方政府作为发展学前教育责任主体。省级政府制定本区域学前教育发展规划，完善发展学前教育政策，加强学前教育师资队伍建设，建立学前教育的经费保障制度。以县（区）为单位编制并实施学前教育三年行动计划，合理规划学前教育机构布局和建设，并纳入土地利用总体规划、城镇建设和新农村建设规划。中央财政重点支持中西部地区和东部困难地区发展农村学前教育。加强对学前教育机构、早期教育指导机构的监管和教育教学的指导。

多种形式扩大学前教育资源。①大力发展公办幼儿园。通过改造中小学闲置校舍和新建幼儿园相结合，重点加强乡镇和人口较集中的村幼儿园建设，边远山区和人口分散地区积极发展半日制、计时制、周末班、季节班、巡回指导、送教上门等多种形式的学前教育。落实城镇小区配套建设幼儿园政策，完善建设、移交、管理机制。城镇新区、开发区和大规模旧城改造时，同步建设好配套幼儿园。②积极扶持民办幼儿园。采取政府购买服务、减免租金、以奖代补、派驻公办教师等方式引导和支持民办幼儿园提供普惠性服务。中央财政安排扶持民办幼儿园发展奖补资金，支持普惠性、低收费民办幼儿园。探索营利性和非营利性民办幼儿园实行分类管理。

多种途径加强幼儿园教师队伍建设。各地根据国家要求合理确定生师比，核定公办幼儿园教职工编制，逐步配齐幼儿园教职工。实施幼儿教师、院长资格标准和准入（任）制度。切实落实幼儿园教职工的工资待遇、职务（职称）评聘、社会保险、专业发展等方面的政策。将中西部地区农村幼儿教师培训纳入中小学教师国家级培训计划，3 年内对 1 万名幼儿园园长和骨干教师进行国家培训。各地 5 年内对幼儿园园长和教师进行

一轮全员专业培训。

2. 推动义务教育均衡发展

推动义务教育学校标准化建设。制定各地区义务教育学校标准化建设的实施规划。重点支持革命老区、边境地区、民族地区、集中连片贫困地区和留守儿童较多地区的义务教育学校标准化建设。着力解决县镇学校大班额、农村学校多人一铺和校外住宿以及留守儿童较多地区及宿舍设施不足等问题。加强学校体育卫生设施、食堂、厕所等配套设施建设，提高学校教学仪器、图书、实验条件达标率。通过学区化管理、集团化办学、结对帮扶等模式，扩大优质教育资源。

均衡合理配置教师资源。县级教育行政部门统筹管理义务教育阶段校长和教师，建立合理的校长、教师流动和交流制度，完善鼓励优秀教师和校长到薄弱学校工作的政策措施。新增优秀师资向农村边远贫困地区和薄弱学校倾斜。

推进义务教育均衡发展，多种途径解决择校问题改革试点。推进义务教育学校标准化建设，探索城乡教育一体化发展的有效途径。创新体制机制，实施县域内义务教育学校教师校际交流制度，实行优质高中招生名额分配到区域内初中学校的办法，多种途径推进义务教育均衡发展。完善进城务工人员子女接受义务教育体制机制，探索非本地户籍常住人口随迁子女非义务教育阶段教育保障制度。完善寄宿制学校管理体制与机制，探索民族地区、经济欠发达地区义务教育均衡发展模式。建立健全义务教育均衡发展督导、考核和评估制度。

完善城乡义务教育经费保障制度，提高保障水平。继续实施中小学校舍安全工程，中央财政重点支持中西部七度及以上地震高烈度且人口稠密地区校舍安全建设。继续实施中西部地区农村初中校舍改造工程，实施农村义务教育薄弱学校改造计划。重点支持革命老区、边境县、国贫县、民族自治县、留守儿童较多的县和县镇学校大班等问题突出的中西部县。

3. 大力发展中等职业教育

落实政府发展中等职业教育的责任。推动各级政府办好中等职业教育作为促进就业、改善民生、保障社会稳定和促进经济增长的重要基础，将主要面向未成年人的中等职业教育作为基础性、普惠性教育服务纳入基本公共教育服务范围。逐步完善中等职业教育公共财政保障制度，逐步实行中等职业教育免费制度，完善国家助学制度。

探索中等职业教育公益性的多种实现形式。创新中等教育办学机制，建立健全政府主导、行业指导、企业参与的办学机制。政府通过专项经费、补贴和购买服务等财政政策支持中等职业教育发展。鼓励各地统筹利用财政资金和企业职工教育培训经费，推动校企合作。探索政府、行业、企业、社会团体等通过合作、参股、租赁、托管等多种形式实行联合办学。

完善中等职业教育布局规划。以地市州或主体功能区为单位，按照本地区特色优势产业和公共服务需求，整合各类中等职业教育资源，优化布局，形成分工合理、特色明显、规模适当、竞争有序的职业教育网络。制定并实施中等职业教育学校建设标准。加快中等教育改革发展示范校、优质特色学校建设，加强特色优势专业平台和实训基地建设，完善中等职业学校教学生活设施。

4. 提高特殊教育的保障水平

扩大残疾人受教育的机会。继续推进特殊教育学校建设，完善配套设施。推动各地加强各级各类学校建筑的无障碍设施改造，积极创造条件接收残疾人入学，扩大随班就读和普通学校特教班规模，提高残疾少年儿童九年义务教育和高中阶段教育普及程度。发展残疾儿童学前康复教育，扩大“医教结合”试点。积极开展针对自闭症儿童的早期干预教育。开展多种形式残疾人职业教育，使残疾学生最终都能掌握一项生存技能。推动《残疾人教育条例》的修订工作，推动出台和落实普通高等学校接收残疾人就学的鼓励政策，保障残疾人平等接受高等教育的机会。

提升特殊教育质量。加强特殊教育师资队伍建设，逐步提高特殊教育教师待遇，并在职务（职称）评聘、优秀教师表彰奖励等方面予以倾斜。制定特殊教育学校教师编制标准。推动各地制定明显高于普通教育的特殊教育公用经费标准。完善盲文、手语规范标准。完善盲文、聋哑、培智教科书政府采购和扶持政策。加强对特殊教育的教育教学改革的指导和督导检查，推动特殊教育学校不断提高教育质量。

特殊教育学校建设工程。继续实施特殊教育学校建设工程，基本实现中西部市（地）和30万人口以上、残疾儿童较多的县(市)，有1所独立设置的特殊教育学校。积极支持特殊教育师资培养基地、承担特殊教育任务的职业学校和高等学校以及自闭症儿童特殊教育学校的建设。为现有特殊教育学校添置必要的教学、生活和康复训练设施，使之达到国家规定的特殊教育学校建设标准。

5. 切实保障进城务工人员子女就学

保障进城务工人员随迁子女享受基本公共教育服务权利。健全输入地政府负责的进城务工人员随迁子女义务教育公共财政保障机制，将进城务工人员随迁子女教育需求纳入各地教育发展规划。加快建立覆盖本地进城务工人员随迁子女的义务教育服务与监管网络。鼓励各地采取发放培训券等灵活多样的形式，使新生代农民工都在当地免费接受基本的职业教育与培训。推动各地制订非户籍常住人口在流入地接受高中阶段教育，省内流动人口就地参加高考升学以及省外常住非户籍人口在居住地参加高考升学的办法。

重视留守儿童教育问题。加快中西部留守儿童大县农村寄宿制学校建设，配齐配好生活和心理教师及必要的管理人员，研究解决寄宿制学校建成后出现的新情况、新问题。建立政府主导、社会参与的农村留守儿童关爱服务体系和动态监测机制，保障留守儿童入学和健康成长。

6. 完善学生资助政策

建立奖助学金标准动态调整机制，扩大自主覆盖面、加大资助力度。逐步提高中西部地区农村家庭经济困难寄宿生生活补助标准。各地结合实际建立学前教育资助制度，对家庭经济困难儿童、孤儿和残疾儿童入园给予资助，中央财政根据各地工作情况给予奖补。落实和完善普通高中家庭经济困难学生资助，完善研究生国家助学制度。完善中等职业教育家庭经济困难学生、涉农专业学生免学费、补生活费制度。国家资助符合条件的退伍、转业军人免费接受职业教育。建立家庭经济困难学生信息库，提高资助工作规划管理水平。

完善高等学校助学贷款制度。探索由财政出资或由国家资助管理机构向中央银行统借统还，国家和省级资助管理机构直接面向学生发放和回收助学贷款的方法。大力推进生源地信用助学贷款工作。完善国家代偿机制，逐步扩大代偿范围。

提高农村家庭经济困难中小学生营养水平。建立中小学生营养监测机制，鼓励各地采取多种形式实施农村中小学生营养餐计划，中央财政予以奖励和支持。

（二）推进教育公平的主要措施

教育公平是社会公平的重要基础，是最基本、最重要的公平。推进教育公平，保障人人有受教育的机会，是“十二五”期间教育改革发展的重要任务。

（1）在制度上，将完善教育公平制度作为一项国家教育制度明确提出，以制度促公平。通过健全法制保障，完善资源配置制度，促进教育资源向重点领域、关键环节、困难地区、薄弱学校和弱势群体倾斜。同时，健全保障教育公平的规则程序，用规范管理维护教育公平。

（2）在具体政策上，以基本公共教育服务均等化和完善资助体系为重点，扩大和保障公平受教育的机会。规划按照基本公共教育服务普及普惠的要求，提出巩固城乡免费九年义务教育，基本普及高中阶段教育，重点加强中等职业教育，是建立学前教育体系，努力让广大人民群众共同享有更加均等化的基本教育服务。同时，完善教育资助政策体系，保障进城务工人员子女、残疾少年儿童、家庭经济困难学生等弱势群体受教育机会。

把促进公平作为国家基本教育政策，着力促进教育机会公平。积极推进农村义务教育学校师资、教学仪器设备、图书、体育场地达到国家基本标准，有效缓解城镇学校大班等问题，县（市）域内初步实现义务教育均衡发展，重视学前教育、中等职业教育和特殊教育，教育资助制度全面覆盖各级各类学校的困难群体。

第四节　提高新型职业农民文化素养的策略

一、弘扬传统文化精神是关键环节

传统文化包括文化精神、文化生活、文化制度和文化观念等方面，从形态来讲可以分为精神文化与物质文化。传统文化作为一种客观存在的人类文明的遗存物，我们对它的认识与习得也遵循人类认识的基本规律，注意、认知、内化是我们了解学习传统文化的必然环节，其中最关键的就是在认知环节，我们需要正确认识传统文化的真正内涵，去其糟粕，按照时代的需要重新阐释传统文化精神，最后才是通过学习将传统文化的精华部分内化为自身的一种心理特质，并且成为自身素养的重要组成部分。相对于物质文化，精神文化能够根据时代的发展进行外化阐释，我们今天接触到的传统文化精神是历代思想家不断建构的产物。因此，在当代我们依据时代要求来阐释传统文化精神既是满足时代发展的需要，也是在履行弘扬传统文化的历史责任，我们虽然是整体建构过程的一个中间环节，然而这种建构活动还会随着历史的发展不断持续下去。科学主义之所以能够在全球迅速蔓延，就是因为其带来了高度发达的物质文明，现代工业品相对于传统物质文化产品，能够使人生活在一个更具经济理性的社会中，因此，物质文化产品的淘汰是很自然的。在当前倡导“返璞归真，回归精神家园”的时代，传统文化是必然的精神载体，它既是工具，又是目的，这是传统物质文明所不能达到的效果。传统文化是中华民族的脊梁，我们今天不去阐释它，不去继承它，我们的民族历史就会出现断裂。我国绝大多数人民群众生活于农村社区，因此，农村社区应该是我国弘扬传统文化，进行传统文化教育的主战场。

二、普通村民是传统文化教育的重点对象

我国农村社区中的人口类型，按照不同标准可以划分为不同的人群，如果按照来源来划分，可以将农村人口大体分为本地人口与外来人口，为了研究方便，本研究将本地人口进一步划分为社区普通村民与学生两个类型。

社区普通村民是我国农村最稳定的一个群体，是社区事务的积极参加者，是社区工作的行为主体，对社区事务具有最大的影响。普通村民在当前农村社区事务中扮演重要角色，农村社区既是他们日常生活的舞台，也是他们精神的家园，他们对于社区的社会构建具有无可替代的重要作用。因此，我们应该将农村传统文化教育的对象定位于这些固守乡土的普通大众，他们会成为接受传统文化教育的“高效群体”，但这种定位在一些经济发达地区的农村似乎更为现实有效，在经济欠发达地区的乡土社会中，这种定位就未必恰当。

三、传统文化现代化是促进社会和谐的最终目的

传统文化的现代化内涵是指传统文化的发展要实现时代化，按照时代的要求对传统文化进行符合时代要求的阐释，这种阐释是一种在维持传统文化原本精神合法性的基础上而进行的发展与革新，并非彻底否定传统文化的价值，也不是“旧瓶装新酒”，使传统文化成为现代文明的附庸。这种发展坚持了传统文

化的主体作用，与现代文化具有同等重要的价值，在某些社会领域还要发挥主要功能。这种发展不仅是理论上的重新阐释，还涉及相关实践层面，其最终目的就是要完成传统文化与现代文明的有机结合，成为促进社会政治、经济、文化等领域和谐发展的重要动力源泉。

在农村进行传统文化教育活动是一项长期的任务，不是一项单一的工作，要将这项工作纳入农村社会发展的宏观视野中。我国农村的社会经济发展状况千差万别，地域特色明显，我们没有统一固定的模式可以借鉴，只能根据各地的具体情况，充分考虑各种影响因素，建立适合自身发展的传统文化教育路径。传统文化教育活动开展的最终目的就是提高农村社区成员的整体素养，以推进农村社区各项工作的顺利开展。

模块七　新型职业农民科学素养

科技文化素养是村民素养的重要内容，而提高村民素养是进行乡村和谐社会构建的重要途径。

第一节　科学素养的含义

一、科学的含义及作用

科学是指发现、积累并公认的普遍真理或普遍定理的运用，已系统化和公式化了的知识，是人类认识和运用自然规律、社会规律能力的集中反映，它包括自然科学和社会科学。

在人类社会的发展过程中，科学技术的基础性作用是非常明显的。首先，科学发现和技术进步改变了人们的思维方式和生活方式，促进了思想道德建设的新飞跃，它使人们对自然和社会发展规律的认识不断加深；使人们更多地了解和把握各方面的信息，帮助人们树立客观、公正、民主、求实、严谨的工作态度和生活态度，树立开拓创新、勇于竞争、快节奏、高效率的价值观念；使人们养成良好的习惯，形成了新的道德观念和道德规范；使人们树立了科学精神和科学思想，破除了愚昧和迷信，形成了科学、文明、健康的生活方式。其次，科学发现和技术进步，极大地推动了教育的发展，它使知识信息量急剧增加，极大地丰富了教育的内容，提高了对教育发展的要求，推动教育成为新兴的知识产业；随着现代信息网络应用于教育，使教育手段、方式、方法不断更新，教学范围不断扩大，学科交叉、文理结合、德智体美全面发展成为现代教育的基本特征。再次，科学发现和技术进步也极大地推动了文化事业的发展，它使文化艺术的传播更加快速方便，加快了传播速度，扩大了传播范围，促进了不同文化间的交流与融合；改变着文化艺术产品的生产材料与生产手段，提高了艺术的表现力和感染力，使人们能够享受丰富的精神文化生活，陶冶情操，推动人的整体素养的提高。最后，随着科技发展，工作效率提高，人们的休闲时间逐步增多，从而使人类可以更充分地享受精神文化生活，科学技术已日益渗透到经济、社会和人类生活的各个领域，为人的全面发展和社会全面进步提供了有利条件。在当今时代，科盲是难以生存发展的。只有具有科学素养的人，才能适应社会发展；具有高水平科学素养的人，才能成为时代的佼佼者。因此，必须大力发展科学事业，加强科学知识、科学方法、科学思想、科学精神的宣传教育，不断提高全民族的科学素养。

二、公民科学素养的含义及作用

国际上普遍将公民科学素养概括为3个组成部分，即对于科学知识达到基本的了解程度；对科学的研究过程和方法达到基本的了解程度；对于科学技术对社会和个人所产生的影响达到基本的了解程度。只有在上述3个方面都达到要求者才算具备基本科学素养的公众。目前各国在测度本国公众科学素养时普遍采用这个标准，我国也采用这一标准。

当前，不同组织和学者对公民科学素养含义的理解和表述，随着社会和经济的发展不断变化而更新，而且有着深厚的时代背景。由于目前对科学素养的研究尚处于研究完善阶段，还没有形成统一、广泛认可的表述，主要有以下几个代表性的表述：国际经济合作组织（OECD）认为，科学素养是运用科学知识，确定问题和作出具有证据的结论，以便对自然世界和通过人类活动对自然世界的改变进行理解和作出决定的能力；国际学生科学素养测试大纲（PISA）中提出，科学素养的测试应该有3个方面组成：科学基本观念、科学实践过程、科学场景，在测试范围上由科学知识、科学研究的过程和科学对社会的作用3个方面组成；美国学者米勒认为，公众科学素养由相互关联的三部分组成：科学知识、科学方法和科学对社会的作用，具体说就是，具有足够的可以阅读报刊上各种不同科学观点的词汇量和理解科学技术术语的能力，理解科学探究过程的能力，关于科学技术对人类生活和工作所产生的影响的认识能力。

综上所述，我们这里所说的公民科学素养是指公民了解必要的科学知识，具备科学精神和科学世界观，以及用科学态度和科学方法判断各种事物的能力。世界科学技术发展史表明，科学素养是公民素养的重要组成部分，公民的科学素养反映了一个国家或地区的软实力，从根本上制约着自主创新能力的提高和经济、社会的发展。提高公民科学素养，对于增强公民获取和运用科技知识的能力、改善生活质量、实现全面发展，对于提高国家自主创新能力、建设创新型国家、实现经济社会全面协调可持续发展、构建社会主义和谐社会，都具有十分重要的意义。

三、我国公民科学素养的现状

21 世纪国家与国家之间的竞争，主要表现为综合国力的竞争，但实质上是科技、人才的竞争。如果说科学技术是第一生产力、人力资源是第一资源，那么公民科学素养就是第一国力，必须不断提高公民的科学素养，才能为自主创新、经济社会可持续发展提供一个不竭的源泉。改革开放以来，我国公民科学素养虽然有了很大提高，但与发达国家相比，还存在着很大差距，我国公民的科学素养现状还远远不能适应建设创新型国家的需要。中国科协按照国际通用方法，五次对全国（除中国台湾、香港、澳门地区外）18~69 岁成年公民科学素养进行了调查。最新调查显示，我国公众具备基本科学素养水平的比例是 1.98%（其中城市为 4%左右，农村为 0.7%）。50 个中国人中只有一个人具备基本的科学素养，比发达国家至少落后了 20~30 年。

中国科协公众科学素养相关调查数据显示，总体而言，我国公民科学素养的现状为：一是总体上公民科学素养水平逐渐提高，但与发达国家相比还有较大差距。二是不同群体表现出明显的特征差异：男性高于女性；较低年龄段高于较高年龄段；受教育程度越高整体水平越高；城市公民高于农村。三是公民科学素养水平的变化显示，近年来科学素养较低的群体的水平有较快提高，特别是女性、受教育水平较低（指受初中教育）和农村公民科学素养整体水平提高的幅度较大，对公民整体科学素养提高影响显著。四是公民对科学研究的过程和方法理解水平较低。五是公民科学精神比较欠缺，还存在大量相信迷信的公民，青少年与科学精神有关的调查结果出现回落，学校对科学精神的培养还存在较大问题。同时，相关数据还表明，一方面，公民文化程度越高，具备基本科学素养的比例越高。学生具备基本科学素养的比例最高，达15.6%；家务劳动者等科学素养比例较低。另一方面，电视是中国公众获得科技知识、信息最主要的渠道。但92.3%的公众没有参观过科技馆，公众参与科技周的人数仅为11%。这些数字说明，提高我国公众科学素养迫在眉睫、任重而道远。

第二节　提高新型职业农民的科学精神

一、科学精神的含义和特征

科学精神是人类文明中最宝贵的精神财富，它是在人类文明进程当中逐步发展形成的。2007年3月4日，胡锦涛同志在看望出席全国政协十届五次会议的委员时强调："创新型国家应该是科学精神蔚然成风的国家。科学精神是一个国家繁荣富强、一个民族进步兴盛必不可少的精神。要在全社会广泛弘扬科学精神，加强科学知识的宣传教育，大力加强科普工作，使全社会真正形成讲科学、爱科学、学科学、用科学的良好风尚。"这充分说明了我国在建设创新型国家的过程中科学精神的重要性。

（一）科学精神的含义

科学精神是人们在长期的科学实践活动中形成的共同信念、

价值标准和行为规范的总称，是人的科学文化素养的灵魂。科学精神就是指由科学性质所决定并贯穿于科学活动之中的基本的精神状态和思维方式，是体现在科学知识中的思想或理念。它一方面引领和约束科学家的行为，是科学家在科学领域内取得成功的保证；另一方面，它又逐渐地渗入大众的意识深层，成为公民文明素养的重要组成部分。

我国科学家竺可桢将科学精神与中国的“求是”传统联系起来，认为科学家应该恪守的科学精神是：“①不盲从，不附和，以理智为依归。如遇横逆之境遇，则不屈不挠，不畏强御，只问是非，不计利害。②虚怀若谷，不武断，不蛮横。③专心一致，实事求是，不作无病之呻吟，严谨整饬，毫不苟且。”概括而言，科学精神的内涵大致包括以下 4 个方面。

一是理性求知精神。科学精神主张世界的客观性和可理解性，认为世界是可知的，可以通过科学实验和逻辑推理等理性方法来认知和描述；坚持用物质世界自身解释物质世界，反对任何超自然的存在。爱因斯坦指出：“要是不相信我们的理论能够掌握实在，要是不相信我们世界的内在和谐，那就不可能有科学。这种信念是并且永远是一切科学创造的根本动力。”

二是实证求真精神。科学精神强调实践是检验真理的唯一标准，科学概念和科学理论必须是可证实和可证伪的。所有的研究、陈述、见解和论断，不仅都需要进行实验验证或逻辑论证，还都需要经受社会实践和历史的检验。

三是质疑批判精神。科学精神鼓励理性质疑和批判。科学不承认有任何亘古不变的教条，即使是那些得到公认的理论也不应成为束缚甚至禁锢思想的教条，而应作为进一步探索研究的起点。理论上的创新往往是建立在对现有理论的怀疑基础上的。这一精神要求不唯上、不唯书、只唯实，真理面前人人平等。科学家之所以成为科学家，并不在于掌握了别人无法反驳的真理，而在于保持理性的批判态度和对真理坚持不懈的追求。

四是开拓创新精神。科学精神崇尚开拓创新，既尊重已有认识，更鼓励发现和创造新知识，鼓励知识的创造性应用。创新是科学得以不断发展的精神动力和源泉，是科学精神的本质与核心。科技工作的创新性主要表现在提出新问题、新概念，构建新方法、新理论，创造新技术、新发明，开拓新方向、新应用。

（二）科学精神的基本特征

科学精神源于近代科学的求知求真精神和理性与实证传统，它随着科学实践的不断发展而不断丰富、升华与传播，已成为现代社会的普遍价值和人类宝贵的精神财富。一般而言，科学精神具有以下几方面的基本特征：执着探索精神、创新改革精神、重视继承精神、理性分析精神、求真求实精神、实践实证精神、民主协作精神、开放包容精神等。其精髓是实事求是，最基本的要求是求真务实，开拓创新。

科学精神的本质特征是倡导追求真理，鼓励创新，崇尚理性质疑，恪守严谨缜密的方法，坚持平等自由探索的原则，强调科学技术要服务于国家民族和全人类的福祉。科学精神倡导不懈追求真理的信念和捍卫真理的勇气，坚持在真理面前人人平等，尊重学术自由，用继承与批判的态度不断丰富发展科学知识体系；科学精神鼓励发现和创造新的知识，鼓励知识的创造性应用，尊重已有认识，崇尚理性质疑，不承认有任何亘古不变的教条，科学有永无止境的前沿；科学精神强调实践是检验真理的标准，要求对任何人所作的研究、陈述、见解和论断进行实证和逻辑的检验，强调客观验证和逻辑论证相结合的严谨的方法，科学理论必须经受实验、历史和社会实践的检验。

二、弘扬科学精神的重要意义

党中央确立了把科学发展观作为新时期我国发展的指导思想，同时也明确了到 2020 年进入创新型国家行列的宏伟目标，提出了“科教兴国”和转变经济发展方式的战略任务。在这一科学发展的新时期，弘扬科学精神显得尤为重要。

（一）有利于全面地贯彻落实科学发展观

纠正片面追求发展速度，违背科学的发展理念和发展行为，坚持统筹城乡发展、区域发展、经济社会发展、对外对内发展和人与自然和谐发展，使我国经济社会发展真正走上以人为本、全面协调可持续的科学发展轨道。

（二）有利于夯实提高自主创新能力和建设创新型国家的社会基础

自主创新能力薄弱是制约我国经济社会与科技发展的主要因素，要提升自主创新能力需要加大科技投入、建设科教基础设施，但更重要的是要用科学精神武装科技创新队伍，提升其创新的自信心与勇气；要大力传播科学精神，提倡理性思维的科学方法，夯实创新的社会基础。

（三）有利于营造加快培养创新人才的社会风尚

创新人才不仅要具备合理的知识结构和知识积累、创新的意识和能力、百折不挠的意志和毅力、正确的理想信念、远大的抱负以及合作精神，而且更要具备科学精神。可以说，科学精神是创新人才的基本素养和首要特征。没有质疑、批判、严谨、实证、开拓、创造和进取的科学精神，就不可能成为合格的创新人才。因此，要在全社会倡导尊重自主创新、支持和参与自主创新、保护自主创新的社会风尚。

三、弘扬科学精神的着力点

在人类发展历史上，科学精神曾经引导人类摆脱愚昧、迷信和教条。在科学技术的物质成就充分彰显的今天，科学精神更具有广泛的社会文化价值。路甬祥曾指出："科学精神是具有显著时代特征的先进文化"，注重创新已经成为最具时代特征的价值取向，崇尚理性已成为广为认同的文化理念，追求社会和谐以及人与自然的协调发展日益成为人类的共同追求。在当代中国，富含科学精神的解放思想、实事求是、与时俱进，已经成为党的思想路线，成为我国人民不断改革创新，开拓进取的强大思想武器。当前，为大力弘扬科学精神，当前应着力抓好以下几方面工作。

（一）充分认识弘扬科学精神的重要意义

弘扬科学精神，实现思想方法和思维方式现代化，不仅可以激励人们学习、掌握和应用科学，鼓舞人们不断在科学的道路上胜利前进，而且对树立科学的思想方法和工作方式，做好经济、政治、文化等方面的领导工作和管理工作，同时可以大力破除长期存在的封建迷信，使人们树立正确的认知观念。

（二）加强社会责任感，注重科技伦理

科学技术是一把双刃剑，一旦被滥用，就有可能危及自然生态、人类伦理以及人与自然和谐相处。科学家和工程师不仅应有创新的兴趣与激情，更应有崇高的社会责任感。科技创新应尊重生命，尊重自然法则，尊重人类社会伦理道德，实现人与自然和谐共处；应尊重人的平等权利，不仅尊重当代人的平等权利，还尊重不同世代人之间的平等权利，实现人类社会可持续发展；应尊重人的尊严，不因种族、财产、性别、年龄和信仰而有所区别，促进人的平等自由和全面发展。

（三）把科学精神作为人才教育的重要内容

要转变教育思想、深化教育改革，加强对青少年的科学精神、科学方法教育，让他们系统掌握科学知识和创新成果，注重学习科技创新的过程，领悟前人创新的思维和方法。在青年科技人员中，应着力培养理性质疑和科学批评的精神，养成严谨治学、敏锐精致、实事求是的良好学风。在广大农民中应大力破除封建迷信，学会讲科学、爱科学、学科学、用科学，用科学知识来武装头脑。

（四）要培养坚持科学精神的意识和毅力

要坚持解放思想、实事求是，勇于面对科技发展和各项工作中的新情况新问题，通过研究和反复实践，不断创新，不断前进；要热爱科学、崇尚真理，依据科学原理和科学方法进行决策，按照科学规律办事；要勤于学习、善于思考，努力用科学理论、科学知识以及人类创造的一切优秀文明成果武装自己；要甘于奉献、勇攀高峰，为祖国为人民贡献一切智慧和力量。

第三节　提高科学素养的策略

把我国公众培养成具有一定科学知识、科学精神的群体，既是发展的需要，也体现了以人为本的根本。提高公民科学素养，应该根据《中华人民共和国科学技术普及法》和《全民科学素养行动计划纲要》的要求，遵循政府推动、全民参与的方针，营造有利于科技创新和科技进步的社会环境，提高全民科学素养。

一、全面落实科学发展和科学素养纲要

政府应当把提高公民科学素养纳入议事日程，鼓励保障公益性科普事业，制定优惠政策支持营利性的科普文化产业等，推动公民科学素养的提高。中国科协在1999年新中国成立50周年前夕曾提出到2049年新中国成立100年时，中国公民基本具备科学素养的远景规划，即“2049计划”，我们要以此为目标，通过大力实施《国家中长期科学和技术发展规划纲要》和《科学素养纲要》，有计划、有步骤地推动公民科学素养的提高，以促进人的全面发展。

二、把弘扬科学精神作为提高全民科学素养的首要任务来抓

当前我国国民整体科学文化素养比较低，许多人科学精神不足，缺乏基本的科学常识，给迷信、伪科学和邪教提供了可乘之机。通过科普工作，弘扬科学精神，能够进一步提高人们的科学文化素养，帮助人们树立正确的世界观、人生观和价值观，掌握现代科学技术，激发自主创新的热情，使个人得到全面充分的发展。因此必须把弘扬科学精神作为首要任务，通过扎实有效的工作，使科学精神在全社会得到发扬光大，渗透到生产、工作和社会生活的各个方面，融入到广大人民群众的头

脑中去。

三、不断丰富提高公民科学素养的手段和措施

当今世界，科学技术日新月异，人们的生产和生活方式都在发生深刻变化，获取信息的手段也在不断更新。科普活动必须与时俱进、开拓创新、务求实效。一是内容更新。要将最新的科技成果及时传授给公众，教给他们最先进的科学知识和适用技术。要普及哲学社会科学，提高全民族的哲学社会科学素养，使广大干部群众学会用科学的方法认识自然、把握自然和社会发展的客观规律。二是形式多样。对实践中形成的行之有效的科普活动形式要坚持和完善，同时要根据新的形势探索新途径和新方法。科普讲座、科普报告直接面对听众，便于交流，很受群众欢迎，要动员更多的科技人员到学校、工厂、农村、机关、社区、部队去宣讲科技知识。三是手段先进。要高度重视电视的科学教育功能，充分利用电视台开展科普活动，发挥现代传播技术手段的作用。青少年上网的比例很高，要加强网络科普工作，使网络成为科普活动的重要阵地。运用现代化的工具在全社会大力传播科学知识、科学精神、科学思想和科学方法，营造全社会爱科学、学科学、讲科学、用科学的良好氛围。

四、切实搞好重点群体的科学素养提高工作

根据不同层次、不同人群、不同地区的特点做好科学素养提高工作。一是广大科技人员。通过学术交流、学术报告等形式，搭建互相交流创新思维的平台。鼓励“最具创新年龄段”的年轻人形成创新思维，要不断突破原有的假设和理论，不断放宽科学研究的视野，为自主创新创造一个宽松、平和的自由环境。二是广大干部。促使他们用科学的思想和方法指导工作，提高科学决策的能力和水平。三是广大农民。通过科技下乡、科技扶贫、农函大培训、科普示范创建、农技协和农民职称评定等工作的开展，增强广大农民的创新意识和致富能力。四是

广大青少年。通过举办科技创新大赛、机器人大赛、计算机奥林匹克大赛等科学探索和科学体验活动，加强创新思维教育，激发他们学科学、用科学的兴趣，培养青少年创新意识和能力。

五、进一步夯实科普工作基础

一是加强科普创作。科普创作是科普工作的基石。要增强精品意识，提高科普作品的质量，多出精品。同时加强对现有创作人员的培训，逐步培养一支了解科技发展态势、了解公众科技需要的科普创作人员队伍。二是壮大科普队伍。要组织和引导科技、教育、文化工作者投身科普事业，加强科普人才的培训，培养一批农村适用技术能手、企业技术创新的能工巧匠、青少年科普教育的优秀教师，不断壮大科普志愿者队伍，逐步建立起由科普专家、科技工作者和科普志愿者组成的专兼结合的科普工作队伍。三是加快科普设施建设。要鼓励多渠道建设科普场馆，充分挖掘和利用现有科普资源，有计划地向中小学生开放高等院校、科研院所的实验室、研发中心等设施，改善科普场所经营管理，提高资源的利用率。

模块八　新型职业农民信息素养

中国经济、社会的快速发展，产生了对于信息化的强烈需求。中国信息化发展的速度远远超过预期，在中国经济与社会发展中的影响日益显现，国家信息化的发展开始步入快车道。农业信息化建设是国家信息化发展战略的重要组成部分。加快推进农业信息化建设，是促进解决小农户与大市场矛盾、缩小城乡“数字鸿沟”的迫切需要，是加速改造传统农业、积极发展现代农业、扎实推进新农村建设的紧迫任务。

第一节　信息化的概述

一、信息化的提出

农业是国民经济的基础，农业信息化是国家信息化的重要内容，对农业人口占总人口65%的中国来讲，更是如此。通过改革开放30多年的发展，我国农业在基本解决温饱的同时，农业效益下滑，农民增收乏力，农村剩余劳动力转移受阻，农业生态环境恶化等许多问题已有不断激化的趋势。这充分表明，传统农业发展模式已无法实现或者说延缓了中国的农业现代化，农业信息化已成为促进农业现代化发展的重要契机。

“信息化”是日本学者最早于20世纪60年代末基于对社会经济结构演进的认识角度提出来的。“信息化”是一个发展中的概念，即充分利用信息技术，开发利用信息资源，促进信息交流和知识共享，提高经济增长质量，推动经济社会发展转型的历史进程。

二、信息化的概念

农业信息化是指充分利用计算机技术、网络通信技术、数据库技术、多媒体技术、物联网技术等现代信息技术，全面实现各类农业信息及其相关知识的获取、处理、传播与合理利用，加速传统农业改造，大幅度提高农业生产效率和科学管理水平，促进农业和农村经济持续、稳定、高效发展的过程。

党的“十八大”提出“促进工业化、信息化、城镇化、农业现代化同步发展”的战略部署，充分体现了党和国家对以信息化支撑工业化、城镇化和农业现代化发展的高瞻远瞩。经济全球化的现实表明，信息化已经成为世界各国推动经济社会发展的重要手段，已经成为资源配置的有效途径，信息化水平已经成为衡量一个国家现代化水平的重要标志。“四化同步”的发展战略，为全国上下加快推进农业信息化指明了方向，明确了目标和任务。深入贯彻落实党的“十八大”精神必须加快推进农业信息化。

“四化同步”的本质是“四化”互动，是一个整体系统。就“四化”的关系来讲，工业化创造供给，城镇化创造需求，工业化、城镇化带动和装备农业现代化，农业现代化为工业化、城镇化提供支撑和保障，而信息化推进其他“三化”。因此，促进“四化”在互动中实现同步，在互动中实现协调，才能实现社会生产力的跨越式发展。

第二节　信息化在新农村建设中的作用

信息产业在推进新农村建设中具有重要的作用。信息技术科技含量高、发展速度快、渗透力和带动力强，信息产业及信息市场化在促进农业生产经营、农村社会事业发展、提高农民整体素养、缩小和消除“数字鸿沟”等方面，都具有十分重要的作用。

农村经济社会的发展也为信息产业开辟了具有较大潜力的市场空间。信息化不仅是解决“三农”问题的手段和条件，是新农村建设的重要内容，同时也为信息产业拓展了市场空间。随着国家建设新农村的各项政策出台，农村地区的生产生活条件，农民的收入水平，农民的精神面貌都发生了很大的变化，农村和广大农民对信息技术、网络和产品的需求将变得日益旺盛，使得信息产业在面向“三农”的众多领域都大有用武之地。

一、信息化在农业生产上的作用

用于农业生产预测，辅助农民合理安排生产，减少盲目性，降低风险；用于指导农业生产，加快农业科技成果的转化，提高产量；用于农产品销售，增进农业小生产与大市场的对接。

二、信息化在农村管理上的作用

（1）镇村务管理信息系统。

（2）市场信息系统。

（3）农村政策法规查询系统。

（4）病虫害预测与防治系统。

（5）农村科技信息系统。

三、信息化在农村学习上的作用

实现远程教育，缓解农村师资缺乏、教育质量不高的局面；对农民进行职业技能培训。

四、信息化在农村环境建设和保护上的作用

通过对耕地、水资源和生态环境、气象环境等方面的动态监控和信息收集，使政府有关部门能够及时采取有关政策措施，指导和调控有关企业和农民有效地利用和保护资源、环境。

第三节　提高农民信息素养的对策与途径

随着新农村建设的不断深入，农民的教育培训和农村信息化建设得到各级政府的高度重视，做了大量艰苦细致的工作，使中国农民的总体素养有了一定的提高。但面对着经济全球化和信息化的到来，面对着新形势下农村发展变革的要求，在提高农民素养特别是信息素养方面还面临许多困难，需要我们创新思路，不断探索适合农民特点和需求的途径与措施。

一、提高农民信息素养面临的困难

（一）职业农民的教育培训滞后

中国是农业大国，农业人口占中国人口的绝大多数，中国教育的最大群体理应是农民。而长期以来，我国的教育一直比较重视学校教育，忽视了社会教育尤其是职业农民的教育。学校教育从小学、普通中学到普通高中，也始终把升学率作为衡量学校和教师的唯一标准，忽视素养教育和职业教育。由于培养目标和教学计划等因素的限制，使得农村初、高中毕业生回乡务农，所学的知识与农村所需的技能大相背离。另外，在农村人才培养的模式、教育内容和教育方法也都不同程度地存在着脱离农村人力资源开发需要的实际现象。农民获取信息的能力低下，新技术、新手段得不到有效应用和推广，影响了整个农业科技的进步和新农村建设的步伐。

（二）农民教育培训体系不够完备

中国许多农民终身没有接受过职业培训，也没有参加过任何培训活动。乡镇成人文化技术学校和乡镇社区教育中心存在基础设施差，人员少的现象，一些地方存在只有校牌没有场地和专职人员的状况。据统计，农村劳动者的年培训率只有 20%左右，而且还存在培训面窄、内容陈旧、培训方式落后等问题。

（三）镇村两级组织的教育功能弱化

农村实行家庭联产承包责任制改革以后，村级组织功能弱化，农村经济合作组织还未完全形成，使得集体组织对农民活动的指导、控制功能、组织教育功能的弱化，严重地阻碍了中国对提高农民素养的各种教育措施的实施。

二、提高农民信息素养的对策与途径

面对现代信息技术所带来的全新农业生产和经营模式，意味着现代农民要重新整合思维观念和生产经营能力，需要农民树立起农业国际化、外向化和市场化的基本观念，形成运用多媒体网络获取、利用和发送信息的意识和习惯，掌握基本的现代信息技术。

（一）提高农民信息素养的对策

一是搭建远程教育与社区教育有机融合的学习平台，创新农民教育培训体系。为实现全面建设惠及全国人民小康社会的目标，更好地为农村培养“两创”实用人才和提高农民素养提供服务。应以开放的理念和战略的眼光，立足地方社会经济和教育发展的大趋势，不断推进远程教育服务学习型社会和新农村建设的能力，将远程教育向基层、向乡镇和大型企业延伸，以乡镇社区教育中心为依托建立远程教育乡镇工作站，逐步构建农村社区教育与远程教育相结合的农村成人高等教育体系和实用技术培训体系。依托镇（街道）社区教育中心实施农民信息素养培养，一方面充分发挥了社区教育中心天时、地利、人和的优势，有利于招生和教学的组织，通过送教上门方便农民学习和交流；另一方面，通过远程教育规范服务，有效地提升各社区教育中心的办学能力和水平，丰富农村社区教育内涵，提升了社区教育信息化水平，为开展基于信息化背景的社区教育提供了范例。

二是政府引导、社会参与，依托社区教育系统建立农民教育培训机制。借助社区教育项目和农村劳动力素养提升工程，社区教育系统积极探索与不同系统、不同部门建立农民教育培训机制。通过与地方政府密切沟通，成立了社区学院、农办、教育局、财政局等多部门组成的协调小组，出台相关政策，把农民信息素养培养纳入政府“农村两创实用人才培训”“千万农村劳动力培训”等工程；建立校企合作机制，企业根据需求选择课程模块、提供经费，学校送教上门、对口培训，提高企业员工信息素养和生产技能。

三是围绕城乡一体化发展需要，改革创新新型农民培养模式。当前，我国已进入加快改造传统农业、走中国特色农业现代化道路的关键时刻，进入着力破除城乡二元结构，形成城乡经济发展一体化新格局的重要时期。加快培育现代农业生产经营主体、完善农村信息综合服务体系、拓展农民就业创业领域以及农村新社区建设等都需要农村人才的多样化，既要培养具有较高学历的农村致富带头人和管理人才，又要开展农民技能培训，拓宽他们的创业就业渠道。农民信息素养的培养必须根据各地“三农”实际，以新思路、新模式、新技术和新手段培养新型农民，满足农村社会群体对享受个性化学习服务，获取优质教育资源和现在农业信息的日益增长的教育需求。积极实施“农村实用技术+信息技术”的培训模式。该培训模式是指以提高新型农民从事现代农业的专业知识和专业技能水平为根本出发点，以农民从事某一具体职业所必须具备的能力为培养目标，以全面分析职业角色活动为出发点，把信息技术应用能力培养作为基本要求，借助网络自主与协助学习作为基本学习方式的培训模式。

（二）提高农民信息素养的途径

一是依托农村党员干部现代远程教育平台提高农民信息素养。以计算机技术、多媒体技术和现代通信技术为标志的农村党员干部现代远程教育平台已基本覆盖浙江省每个村镇，从而打破了时空界限，创设了个体化学习环境，有效地弥补了当前农村教育资源短缺的不足，为开展农民素养教育提供了全新的教育手段，是加快农村信息化建设，实现信息直通基地、直通农村、直通农户的有效途径。通过农村党员干部现代远程教育平台，大力开展新农村建设的教育和宣传，增强政府管理部门及生产经营者的信息意识和信息综合利用能力。基层政府是新农村建设的组织管理者，同时也是信息服务的重要提供者，其管理人员的信息意识和信息利用能力对推进新农村建设起着决定性的作用。要通过多种形式的宣传、教育，提高政府部门工作人员对信息的重要性、严肃性、风险性、时效性的认识。积极鼓励农村基层干部参加现代远程教育的学习，不断提高他们的科技文化素养和信息意识，对加强农村基层党组织和干部队伍建设、促进农村经济的发展具有十分重要的意义。

二是利用各类农民教育培训资源提高农民信息素养。充分利用县（市、区）社区学院和乡镇社区教育中心、村民学校，把农民信息素养的培养充实到农民素养提升工程、农村劳动力转移培训和农村实用技术培训，有意识地提高农民信息素养。针对新农村建设的需要，调整专业人才培养结构，重点培养一批能适应国际市场、把握市场信息和能运用现代化管理技术的农村经营决策人才，培养一批有信息技术实际操作能力的基层工作人员。同时，现代信息技术作为农业信息化建设的必备基础，现代信息技术课程应列入农村成人教育各专业的教学计划，使农民大学生尽快掌握运用现代信息技术的基本知识和技能，培养出多层次的农村信息应用人才。

三是建立农村信息化培训网站，实施在线培训。农村信息化过程需要一大批既精通网络技术，又熟悉农业经济运行规律的专业人才，能为农产品经销商提供及时、准确的农产品信息，能对网络信息进行收集、整理，能分析市场形势、回复网络用户的电子邮件、解答疑问等。而农村信息技术的面授培训受到师资和时空条件的限制，培训数量有限，难以适应农业信息化建设对信息技术和服务人员的需求。因此，为了长期为广大的农业龙头企业、农产品批发市场、中介组织和经营大户提供网络知识和信息技术的培训，为广大农村计算机爱好者提供交流的场所，必须建立农业信息化培训网站。通过这一虚拟空间，大家不仅可以学到许多计算机及网络知识，而且可以获得大量的信息，学员们通过相互交流学习体会、交流致富经验，真正起到培养信息意识、学习信息技术和农村致富的桥梁作用，也丰富了农村的文化生活。衢州社区大学为农村信息化建设专门建立的信息技术培训网站——“蓝月亮工作室”，取得了良好的社会效益，受到当地干部、群众的一致好评。

（三）提高农民信息素养的方法

一是通过开设《新型农民信息素养》等课程，强化农民信息意识和信息观念。随着信息技术的发展，新农村建设中农民大学生的角色发生了巨大的变化，由传统农业中的被动接受转变为主动获取信息和知识，不少农民一时不能适应新农村建设的需要，由于缺乏信息学的基本知识，信息思维能力弱，信息的敏感度低，不能使用现代信息技术，从而影响新农村建设的进程和效果。因此，开设《新型农民信息素养》等课程，对农民进行农村信息化的教育，改变以前传统农业中的生产经营观念和习惯，强化信息意识显得尤为重要。

二是根据当地农村的实际情况，逐步培养农业劳动者的信息意识。抓住农业和农村经济对信息的迫切需求开展农民教育培训，注重实效，循序渐进，重点突破，继而带动全局。要以农业企业信息化为突破口，在有条件的地方积极开展应用示范，努力营造学习信息技术、运用农业信息的氛围。使农民大学生在学习信息技术、运用农业信息的过程中，实实在在地感觉到自己在受益。

三是通过丰富网上资源吸引农民，通过网上活动提高上网兴趣。进一步丰富网上学习资源，如增加农村实用技术视频、网上作业、网上答疑和专家讲座，并及时发布农业发展最新信息、农产品需求动态等资源，吸引农民上网收集、收看有关学习信息；通过形式多样网上活动，建立农民大学生论坛和虚拟社区，促进农民之间的交流，提高他们的上网交流信息的兴趣，从而培养他们的信息素养。

四是加快信息技术培训和信息服务队伍建设，增强农村信息技术服务水平。到目前为止，我国还没有建立起一支稳定的专业化农村信息服务队伍，现有的信息服务人员素养参差不齐，技术人才不足，培训工作滞后，影响了信息服务质量。广大农村青年的信息应用能力是将农业知识和信息技术转化为现实生产力的关键。在实施农村信息化建设的过程中，根据不同的培训对象确定培训内容，实行分层培训。要特别注意提高管理干部、科技人员、广大农民以及各级农业技术推广人员的信息意识和技术，应充分发挥广播电视大学的师资和技术优势，形成强有力的农村信息化培训、推广网络。培训工作要讲实效，要根据当地农村科技工作的实际情况和特点制定行之有效的培训方法，培训手段要多样化。根据当地的实际情况，制订培训宣传计划，并与农业技术推广、科普学习等工作结合起来，注重实效，循序渐进、逐步提高。

五是处理好现代信息技术与传统媒体的关系，注重信息服务的实效性。计算机及信息网络在信息的采集、处理、分析及存储方面具有不可替代的作用，互联网可以其强大的交互功能和多点互联、无时空限制的优势，有效地解决信息传播问题。充分利用现代信息技术，建立覆盖全国的农村市场信息服务网络，是新形势下开展信息服务的一个重要途径。但也必须看到，目前农民中拥有计算机的比例还很低，加之传统媒体有其独特的优势，如覆盖面广、直观通俗、传播速度快等特点，电视、广播等常规传播渠道仍然是当前农民获取信息的主要渠道。因此，要搞好对农民的信息素养的培养，必须将现代信息技术与传统媒体结合起来，使计算机网络和传统媒体在农村信息服务中优势互补，完善“天网”“地网”“人网”相结合的立体传输网络和教学环境，推进多种媒体教学资源的优化配置和综合利用，建立多层次、多渠道的信息服务窗口，重点解决好广大农村的信息覆盖问题。

六是建立科学、健全的管理制度和政策导向，营造农民信息素养培养环境。农民信息素养的高低，直接影响新农村建设的进程，影响农业和农村经济的发展，影响我国全面进入小康社会的进程。所以，农民信息素养的培养，需要政府的政策导向，需要社会各界的物质和师资的支援，并建立起一套科学、完善的培养体系和制度。

信息素养是新型农民的必备素养，也是新农村建设的基本要求。为积极推动农民信息素养的培养，促进新农村社区建设，关键在于不断推进教育创新，包括观念创新、办学模式创新、教学内容创新、机制创新、教学手段和方法创新。在积极发展多媒体网络教育的同时，重视广播、电视、文字教材等方便实用的教学手段，重视媒体的整合和应用。以现代教育理论为指导，建立以农民中心、以农业发展需要为导向的人才培养模式，满足农村区域经济发展对应用型、技术型专门人才的需求，构建数字化农村终身教育体系，不断提高农民的信息素养。

模块九　新型职业农民创业素养

第一节　创业素养的内涵与农民创业的特点

创业是创建企业的一个过程，那么，企业所需具备的要素也就成为创业的要素。管理学认为，企业可以看做是一个由人的体系、物的体系、社会体系和组织体系组成的协作体系，因此人的因素、物的因素、社会因素和组织因素就构成创业的要素。

一、创业素养的基本内涵

（一）人的要素

人是创业活动的主体，创业离不开人，而人的要素又包括以下内容。

1. 创业者

创业者可以是一个人，也可以是一个团队。创业对于创业者来说，就是一种行为。我们知道，人的行为背后存在动机，而动机又是由需要引起的。有的研究人员将创业产生的动因归纳为：争取生存的需要；谋求发展的需要；获得独立的需要；赢得尊重的需要；实现自我价值的需要。这种归纳方法同样适用于对创业动机的解释。当然，这种对创业产生的动因的归纳方法是否受了需要层次理论的影响，我们不知道；但创业者的动机的确直接影响创业过程，而且创业者的价值观和信念会左右创业内容，影响企业的生存和发展。

2. 企业内部的人际关系

人在社会中不是孤立的个体，而是生活在与他人的关系中，需要与他人互相支撑、互相协作。创业过程中人的因素除了创业者外，还包括企业内部的人际关系。只有处理好这种关系，才能真正发挥团队的作用，形成一个合力，使有限的人力资源发挥更大的作用。

3. 企业外部的人际关系

人的要素还包括企业外部的人际关系。企业不是一个封闭的体系，而是一个开放的系统，它与外部的供应商、客户、当地政府和社区发生相互联系。所以，创业过程中人的因素还包括企业外部的人际关系。

（二）物的要素

物的要素也是创业过程中不可缺少的条件。例如一个生产性的企业需要原料、设备、工具、厂房以及运输工具等，然后生产出产品。创业过程中物的要素主要包括以下几项。

1. 资金

世界各国为了鼓励创业活动的开展，纷纷降低了对新创企业注册资金方面的要求和限制；中国也在 1999 年将个人独资企业的注册资金降低到 1 元，可以说只是一个象征性的标准。但是，创业所需的资金远不止这些，技术（或专利）、生产设备、原材料的购买以及人员的雇佣等都需要大量的资金。

2. 技术

提高新创企业中技术含量已经成为一种趋势。从硅谷到中关村，新创企业推出的产品中，高技术产品所占的比例越来越高。2003 年，为了防治非典型性肺炎，市场上急需能够快速测试体温的仪器。中关村的一家创业不久的企业，及时捕捉到这一信息，并依靠先进的技术占领了这个市场，使企业规模迅速发展壮大。

3. 原材料和产品

对于生产型企业而言，创业过程需要原材料和产品，这是一项不言自明的事情。对于从事其他事业的企业来说，同样存在一个由投入到产出的过程。

4. 生产手段

作为介于投入和产出之间的是一个“处理器”，对于企业而言，这种处理器就是生产手段，包括设备、工艺以及相关的人员。

（三）社会要素

社会要素也是创业协作体系的一个重要组成部分。创业中的社会要素包括以下两个方面的含义。

1. 社会对创业活动的认可

创业活动必须得到社会的认可。改革开放政策实施以来，创业活动得到蓬勃的发展，一个重要的原因在于社会对创业活动的认可。创业是一个高风险、高回报的活动，如果得不到社会的认可，创业活动不可能顺利进行。

2. 所创造的事业符合社会发展的要求

企业的存在在于它能够为社会提供某种产品或服务，事业就成为企业成立和生存的根本。松下幸之助先生曾经说过，企业需要通过事业来完成社会使命，如果事业得不到社会的认可，那么就说明它没有存在价值。这样的企业还不如让它破产的好，即使是他自己创建的松下电器公司也不例外。

（四）组织要素

组织要素是创业协作体系的核心，只有通过组织的作用才能创造新的价值。我们说过，人是所有的管理因素中唯一具有能动性的资源，但是这种能动性要通过组织来实现。具体到创业活动中，组织要素具有以下功能。

1. 决策功能

决策是创业活动中一项重要职能，既包括对创业目的的规定，也包括对实现手段的决定。从创造价值的角度讲，对创业目的的规定显得尤为重要，因为它决定着创业活动的方向，甚至影响企业的发展。

2. 创建组织

创业通常由一个团队来进行，因此需要对团队进行组织和管理，通过分工与协作，有条理地完成创业的相关活动。创建组织既包括组织结构的构建，又包括沟通体系的形成。

3. 激励员工

创业需要最大限度地发挥现有人力资源的作用，那么对参与创业的人员的激励就成为创业活动的一项重要内容。“人心齐，泰山移”，充分调动人的积极性能够产生一种合力，同时会增加创业团队的凝聚力。

4. 领导

创业者在创建企业的过程中，需要扮演多个不同的角色，承担不同的职能，其中，领导的职能无疑是最重要的。“现代管理理论之父”巴纳德（C. I. Barnard）认为，领导的作用在于他能够创造新的价值。只有这样才能维持协作体系的内部均衡和外部均衡。对于创业活动而言，领导的作用是没有任何因素能够取代的。

当然，也可以从不同的角度对创业所需要的条件和要素进行归纳。例如，蒂蒙斯提出了一个创业管理模式，认为成功的创业活动必须在机会、资源与团队三者之间寻求最适当的搭配，并且要随着企业发展而保持动态的平衡。创业流程由机会启动，在取得必要的资源和组成创业团队之后，创业计划方能得以顺利推进。

二、创业者应具备的几个基本素养

创业者是市场的先锋，是最有企图心和创业者精神的个体，是在用自己的血汗钱、时间和信念赌自己的明天。没有任何事情能够像“做生意”一样全面考验一个人，使人袒露最本质的特性。“先做人，后做事”是创业者最基本的常识。一个精明的创业者，要直面风险，求得企业生存和发展；要果断决策，把握利益原则；要知人善用，激发和运用人的智慧；要不断创新，敏锐感受周围环境；要广泛接触，以建立有效关系。这些是对创业者个人素养的要求。

（一）决断能力

管理成功的关键是明智的决策。做决策绝不是凭空想象，决策是有源之水。管理学中所说的“决策”是广义的，可以理解为作出决定的意思，它不仅指对大问题的决策，也包括对小问题的决定。小企业的决策，不在于决策的形式，关键是如何作出正确的决策。一般来说，小企业的决策方式依赖于创业者的各大决策，这就需要创业者具备一定的决策知识。我国著名的企业家田千里曾有过这样一位老板的故事。有一年他在上海参加一个研讨会，遇到了一位老板，谈起管理心得，自然就扯到了决策问题。这位老板讲：“决策这个东西就是萧何，成也萧何，败也萧何。”接着就讲起了自己的经历：“最初当老板，觉得自己挺行的，主意多，看得也准，做事好像挺顺的。记得那一年路过北京，看到一家大商场中有一家荷兰人办的专卖店，是专门卖糖果的，样式很多，大概有上百种，味道也不错，而且可以自己选，就是太贵了点，一斤要几十元，比国内的糖果贵十来倍，可是自己还是买了。店里人挤人，生意好得很。”老板接着说：“我回到家里，心里想，自己家乡就是种甘蔗的，糖多得是，为什么不自己办一个工厂，照着人家的样子也生产那种糖果？当时也没什么深入研究，就凭着一种冲动与感觉办起了工厂，虽然也遇到一些难题，但总体还挺顺的。”那位老板说到这里，眼神流露出一种喜悦与自豪。“后来就有问题了，开始是合作者之间闹分家，再往后就是资金紧张，而且就是在资金最紧张时，偏偏又做了一个大的错误决策。前年我到荷兰那家糖果公司的总部参观，发现他们不像我们那样委托商场帮我们代销或者合作经营，而都是在闹市区找一间门脸。自己开连锁店，打自己的形象。我也看了几家店，统一标识，统一标准，很整齐，很漂亮。当时我心里就拿定主意，回去也照着人家的办法办。回国后，我还是像第一次一样凭着感觉与冲动，作出了在全国上 100 家连锁店的决定。那一阵子忙得要命，花时间最多的是找门脸房，便宜的地段都不好，地段好的房价又实在太贵。当我刚开到 30 家时就出现大麻烦了，再要开店资金已经枯竭，因为是在外地开店，本地银行没把握，不愿贷款给我们，而已开的店生意虽然不错，但因房租太贵，每月赚的钱差不多都交了房租。我觉得我根本就不是老板，整个是一个给房东打工的。这样挺了一段时间，实在挺不下去，只好散伙。这一次不仅把以前赚的钱赔进去不说，而且欠下了一大笔账。栽了这个大跟头，整天都在想决策这个问题。同样的事，过去成的，现在就不成。如何能保证做好决策，始终是最让我伤脑筋的事。”后来有个研讨会，讨论了西方公司的企业决策。那位老板听得很认真，并说：“我很佩服那些世界上著名的百年老公司，如西门子、可口可乐等，人家为什么能始终立于不败之地？人家怎么做决策，制定企业战略，又怎么避免做那种大伤元气的坏决策，或者有什么办法能尽量弥补坏决策带来的后果？”

从这则故事中可以得到启示，我们的创业者要想从容不迫，要想长治久安，必须突破决策这一关，建立一套完整的科学的决策体系与决策机制。

决策是一种判断，是从若干项方案中做的选择。这种选择通常不是简单的“是”与“非”，而是对一个缺乏确定性的环境情景的选择，这是创业者管理工作的重要内容。如果决策合理，执行起来就顺利得多，效率也会提高。创业者在管理工作中多花些精力做好决策是非常必要的。

决策的内涵包括以下几点。

（1）决策总是为解决某一问题而做的决定。

（2）决策是为了达到确定的目标，如果没有目标，也就无法决策。

（3）决策是为了正确行动，不进行实践，就用不着决策。

（4）决策是从多种方案中做的选择，没有比较，没有选择，也就没有决策。

（5）决策是面向未来的，要做正确的决策，就要进行科学的预测。

（二）用人之道

企业的存在，最重要的是人。人是企业最基本的元素，一个精明的创业者并不一定是一个样样精通的天才，但他肯定是一个用人的高手。创业者通过激发和运用人的智慧，通过良好的沟通技巧，知人善用，使人尽其才，扬长避短。

影响企业经营的因素很多，但最主要的在于员工的素养与工作态度；而要提高员工素养首先需要认识人，从人的角度去认识人。企业的员工是什么样的？他们想什么？他们需要什么？怎样使员工能为企业贡献一切？是什么原因让员工离开企业的？这些问题应该是创业者常要考虑的重要问题，可以从以下几方面去认识。

（1）创造性。人是有头脑的，他们有思想，有自己的个性，有创造性。

（2）社会性。每个人生活在社会中，成长在社会环境之中，受到社会的系统教育，接受社会文化的影响。他们的个性中包含着社会文化的基本属性，他们摆脱不了社会与文化的影响。

（3）尊重性。人是群居的，他们需要交流，需要理解，更需要尊重。在许多情况下人与人之间的关系远比自身重要，这就是为什么社会地位、社会认同受到人们重视的重要原因。

（4）发展性。人类是不断发展的，创造性与追求美好未来是人类进步的源泉。希望发展自己、发挥自己、发扬自己是人生活的重要目标。

（5）竞争性。人是有竞争的，除了适者生存的规律外，社会发展规律及价值规律进一步强化了人们的竞争意识。

（6）情感性。人是有感情的。在人类生活中感情始终占据重要地位。创业者要注重人与人之间的友谊、帮助和关怀。

企业最重要的资源就是人，或者说是员工。一切价值，归根结底都是人创造的，没有人的劳动，将不会产生任何东西——无论是产品，还是利润。成功的企业家如比尔·盖茨、李嘉诚、张朝阳等，他们在没有大的传统资本的情况下，靠自己的智慧拥有了巨额财产，这足以证明“人是最重要的资源”。

（三）善于应变

日新月异、变化迅速是人类社会发展的显著特征。作为小型企业的经营者，应该站在社会改革的前列，应该对社会变革有敏锐的观察力，对社会变革有强烈的认识和需求。如何认识变化和应对变化，已成为成功创业者的一门必修课，否则就不能适应变化的要求，最终结果只能是被社会淘汰。变革意味着风险，意味着对自己过去的否定，意味着摆脱传统的方式。在社会环境发生变化的时期，人们往往缺乏足够的知识与经验来保证适应变化，但对于创业者而言，要想保证企业生存只能以应变来适应社会。要想在未来的风浪中生存发展，创业者只能面对变化，勇于开拓。企业如逆水行舟，不进则退！创业者必须寻求和掌握一定的应变方法来适应社会。

创业者的应变力，是指创业者在市场竞争中的应变能力、适应能力。在激烈的市场竞争中，创业者应变能力、适应能力越强，企业的竞争力必然越强；反之，创业者应变能力、适应能力越弱，企业竞争力必然越弱，企业的生存与发展就面临重大威胁。因此，创业者的应变力是企业生存与发展的基本生命力。

创业者的应变力表现在以下几个方面。

（1）产品的应变力。随着市场需求的不断变化，调整自身产品的品种、规格、花色和质量等的能力。

（2）市场营销的应变力。随着市场需求的变化而不断地调整自己的营销策略和方式。

（3）管理的应变力。随着市场的变化调整经营管理制度、经营方向、用工用人制度等的能力。

创业者应变能力的大小决定了企业应变力的强弱。正因为有创业者的胆识，企业才能面对复杂多变的市场，不断推陈出新；正因为有创业者的智慧，企业才能面对复杂多变的市场，不断调整自己的营销方式和策略，不断开辟新的市场；正因为有创业者的谋略，企业才能面对复杂多变的市场，不断调整自身生产要素的组合、生产经营管理制度、生产经营方向等。由此可见，创业者的应变力是企业在竞争中取得主动和优势的源泉，是企业具有强大的竞争力和生命力的动力。

（四）敢于创新

著名经济学家凯恩斯有一句名言："市场是一只看不见的手"，在市场这只巨手的指挥下，循规蹈矩的经营者紧跟着对市场的感觉走，高明的经营者让顾客跟着自己的指挥走，套句时髦的话说，叫作"引导消费"。他们才是市场的弄潮儿，是享受成功的快乐的人。这是一个飞速变化的时代，"这里将只有两种管理人员——应时而动的和已经死亡的"。现在的市场是一个工厂越来越多，产品越来越多，而消费规模却基本固定的世界，不拿出新的东西来，是难以长期吸引消费者的。就企业的发展来说，常规管理就像在走路，创新管理则是在跳跃。例如人走得快慢有区别，是在平面行进10米还是20米的区别，从10米走到20米，就是管理中所用的改良；从一层跃升到二层，就是管理中所用的创新。跃升的基础在平面，跃升的动力在于不满足老是在平面上。不然，就只有一个结果——不进则退。能够引导消费的创业者，应是创造出新的产品，产品新颖、实用、充满创意，能给生活增添方便，增加乐趣，再加以大量的广告宣传，引得人们纷纷购买，这是高明的经营者。顶尖高手则能够创造一种生活方式，他告诉人们，这是一种新的生活方式，选择了它就选择了时尚，选择了享受。

第二节　提高农民创业能力

一、提高农民的文化科学素养，增强农民就业创业能力

各级政府和有关部门务必把农民教育培训作为培育新农民、保稳定、促增长、促和谐的一件大事来抓，大规模地开展农民技能培训，努力使走出去的农民具备较强的务工技能，留下的农民掌握先进适用的农业技术，搞创业的农民掌握一定的经营管理知识。

二、开展农民培训，提高创业科技含量

结合现代农业发展需要和新农村建设的要求，以现代农业科技培训为主，加大现代信息技术、生物技术等培训力度，通过实施农民知识化工程，开展送科技下乡等方式，把技术、信息等送到农民手中，培养造就农业科技带头人，引导、推动农民“科学创业”“科技兴业”。

三、整合教育资源，培育新型务工农民（产业农民）

一是把思想品德教育和职业道德教育作为即将走向社会的初、高中毕业生的必修课程进行学习和培训。二是以职业技校为阵地，依托“阳光工程”“绿色证书”等载体对农村劳务输出人员进行务工技能实践培训。三是以企业为载体，开展与主导产业相关的农民实用技术培训和与企业用工相关的职业技能培训，做到“谁招工谁培训、谁培训谁录用”。四是将新型农民培育与社会自主办学有机地结合起来。一方面由学校出“菜单”，根据市场需求有针对性地开展各类实用开展各类实用培训，免费推荐其就业；另一方面由用人单位下“订单”，满足企业用工需求，增加农民就业机会。

四、调整培训方向，促进创业项目孵化

按照试点先行、点面结合分散创业与集中创业相结合的方式，抓好创业农民培训后的扶持工作，立足资源禀赋和区位特

点，面向市场需求，对有优势、有特色的创业项目进行产业孵化，并引导资金、政策、人才等资源向其倾斜，以提升农民创业能力，提高创业成功率，促进社会和谐，为社会创造更多的财富，推动经济社会又好又快发展。

模块十　新型职业农民卫生素养

在新农村建设中，有效地提高农民的卫生素养，增强农民健康素养，可以为经济社会发展提供源源不断的高素养劳动力；可以有效地提高农民的生活质量，使他们能够充分享受我们整个经济和社会发展带来的成果。当前，我们要把提高农民的卫生素养作为重要的民生工程，根据新农村建设“乡村文明、村容整洁”的要求，把农民的卫生素养水平提高到一个新的高度。

第一节　健康素养的内涵与内容

一、健康素养的科学内涵

健康素养是卫生素养的重要组成部分，它是指个人获取和理解健康信息，并运用这些信息维护和促进自身健康的能力。世界卫生组织指出，无论是发达国家还是发展中国家，居民健康素养水平普遍偏低。根据《中国公民健康素养——基本知识与技能（试行）》而制订的《中国公民健康素养基本知识与技能释义》文本，明确界定了我国公民目前应掌握的、与生活方式和健康密切相关的基本知识与技能，并根据我国当前的主要公共卫生问题，将健康素养做了五类划分，主要是科学的健康观、传染病预防、慢性非传染性疾病预防、安全与急救以及基本医疗素养。

二、公民健康素养的基本内容

（一）基本知识和理念

(1) 健康不仅仅是没有疾病或虚弱，而是身体、心理和社会适应的完好状态。

(2) 每个人都有维护自身和他人健康的责任，健康的生活方式能够维护和促进自身健康。

（3）健康生活方式主要包括合理膳食、适量运动、戒烟限酒、心理平衡4个方面。

（4）劳逸结合，每天保证7～8小时睡眠。

（5）吸烟和被动吸烟会导致癌症、心血管疾病、呼吸系统疾病等多种疾病。

（6）戒烟越早越好，什么时候戒烟都为时不晚。

（7）保健食品不能代替药品。

（8）环境与健康息息相关，保护环境促进健康。

（9）献血助人利己，提倡无偿献血。

（10）成人的正常血压为收缩压低于140毫米汞柱，舒张压低于90毫米汞柱；腋下体温36～37℃；平静呼吸16～20次/分；脉搏60～100次/分。

（11）避免不必要的注射和输液，注射时必须做到1人1针1管。

（12）从事有毒有害工种的劳动者享有职业保护的权利。

（13）接种疫苗是预防一些传染病最有效、最经济的措施。

（14）肺结核主要通过病人咳嗽、打喷嚏、大声说话等产生的飞沫传播。

（15）出现咳嗽、咳痰2周以上，或痰中带血，应及时检查是否得了肺结核。

（16）坚持正规治疗，绝大部分肺结核病人能够治愈。

（17）艾滋病、乙肝和丙肝通过性接触、血液和母婴3种途径传播，日常生活和工作接触不会传播。

（18）蚊子、苍蝇、老鼠、蟑螂等会传播疾病。

（19）异常肿块、腔肠出血、体重减轻是癌症重要的早期报警信号。

（20）遇到呼吸、心跳骤停的伤病员，可通过人工呼吸和胸外心脏按压急救。

（21）应该重视和维护心理健康，遇到心理问题时应主动寻求帮助。

（22）每个人都应当关爱、帮助、不歧视病残人员。

（23）在流感流行季节前接种流感疫苗可减少患流感的机会或减轻流感的症状。

（24）妥善存放农药和药品等有毒物品，谨防儿童接触。

（25）发生创伤性出血，尤其是大出血时，应立即包扎止血；对骨折的伤员不应轻易搬动。

（二）健康生活方式与行为

（1）勤洗手、常洗澡，不共用毛巾和洗漱用具。

（2）每天刷牙，饭后漱口。

（3）咳嗽、打喷嚏时遮掩口鼻，不随地吐痰。

（4）不在公共场所吸烟，尊重不吸烟者免于被动吸烟的权利。

（5）少饮酒，不酗酒。

（6）不滥用镇静催眠药和镇痛剂等成瘾性药物。

（7）拒绝毒品。

（8）使用卫生厕所，管理好人畜粪便。

（9）讲究饮水卫生，注意饮水安全。

（10）常开窗通风。

（11）膳食应以谷类为主，多吃蔬菜水果和薯类，注意荤素搭配。

（12）经常食用奶类、豆类及其制品。

（13）膳食要清淡少盐。

（14）保持正常体重，避免超重与肥胖。

（15）生病后要及时就诊，配合医生治疗，按照医嘱用药。

（16）不滥用抗生素。

（17）饭菜要做熟，生吃蔬菜水果要洗净。

（18）生、熟食品要分开存放和加工。

（19）不吃变质、超过保质期的食品。

（20）妇女怀孕后及时去医院体检，孕期体检至少 5 次，住院分娩。

（21）孩子出生后应尽早开始母乳喂养，6 个月后合理添加辅食。

（22）儿童青少年应培养良好的用眼习惯，预防近视的发生和发展。

（23）劳动者要了解工作岗位存在的危害因素，遵守操作规程，注意个人防护，养成良好习惯。

（24）孩子出生后要按照计划免疫程序进行预防接种。

（25）正确使用安全套，可以减少感染艾滋病、性病的危险。

（26）发现病死禽畜要报告，不加工、不食用病死禽畜。

（27）家养犬应接种狂犬病疫苗；人被犬、猫抓伤、咬伤后，应立即冲洗伤口，并尽快注射抗血清和狂犬病疫苗。

（28）在血吸虫病疫区，应尽量避免接触疫水；接触疫水后，应及时预防性服药。

（29）食用合格碘盐，预防碘缺乏病。

（30）每年做 1 次健康体检。

（31）系安全带（或戴头盔）、不超速、不酒后驾车能有效减少道路交通伤害。

（32）避免儿童接近危险水域，预防溺水。

（33）安全存放农药，依照说明书使用农药。

（34）冬季取暖注意通风，谨防煤气中毒。

（三）基本技能

（1）需要紧急医疗救助时拨打 120 急救电话。

（2）能看懂食品、药品、化妆品、保健品的标签和说明书。

（3）会测量腋下体温。

（4）会测量脉搏。

（5）会识别常见的危险标识，如高压、易燃、易爆、剧毒、放射性、生物安全等，远离危险物。

（6）抢救触电者时，不直接接触触电者身体，会首先切断电源。

(7) 发生火灾时，会隔离烟雾、用湿毛巾捂住口鼻、低姿逃生；会拨打火警电话119。

第二节　农民健康工程

一、农村医疗卫生服务事业发展现状

农村医疗卫生服务事业作为我国卫生工作的重点，是新农村公共事业的重要组成部分，具有不可缺少和不可替代的地位。胡锦涛同志强调，人民群众健康素养的不断提高，是人民生活质量改善的重要标志，是全面建设小康社会，推进社会主义现代化建设的重要目标。但实事求是地讲，农民的健康问题，农村的医疗卫生服务依然是全国农村工作的薄弱环节。

(一) 农村卫生事业的投入严重不足

一方面，国家对卫生事业的经费投入不足，造成群众“看病难，看病贵”。卫生部公布的“2005年中国卫生统计提要”显示，我国的卫生总费用从1980年的143.2亿元急速上涨到2003年的6 623.3亿元，增加了45倍多！其中，政府卫生支出从36.2%下降至17.2%，社会卫生支出从42.6%下降至27.3%，个人卫生支出从21.2%剧增至55.5%，甚至在2001年一度达60%。另一方面，在政府投入严重不足的情况下，政府卫生事业费用的配置也极度不合理、不公平。我国医疗卫生支出80%用在城市，20%用在农村，也就是说占我国总人口70%的农村居民所占有的卫生事业费仅为总数的20%。

(二) 农村医疗服务水平较低

许多乡村医疗机构卫生环境差、设备少。据某省的调查显示，乡镇卫生院有21%不能开展“三大常规”检查，23.7%不能开展平产接生，34%没有X光机。同时，由于农村医疗卫生环境差，医学院校毕业生不愿回农村，广大农村医护人员也很难得到应有的学习、培训、深造机会，导致乡镇卫生院合格人才相当匮乏。据统计，目前农村乡镇卫生院工作人员中，本科毕业仅占1.6%，大专生占16.9%，中专59.9%，有21.6%的卫生人员没有任何学历。农民在乡镇卫生院就诊时误诊率较高。

（三）农村公共卫生体系不健全

当前，结核病、肝炎等传统型传染病仍在严重威胁农民的健康，肠道传染病、微量营养素缺乏病、妇女孕产期疾病、地方病和寄生虫病等仍在农村蔓延，艾滋病、非典、禽流感等新发传染病又加重了农村疾病预防控制工作的难度，恶性肿瘤，高血压、心脑血管病、糖尿病等严重疾病在农村也不断增加，我国农村面临着急性传染病和慢性严重疾病并存的双重负担。面对这种情况，我国农村的疾病预防控制体系不健全的问题相当突出，在国家、省、市、县四级都设立了负责重大疾病预防控制和卫生执法监督专门机构，而在乡、村两级没有相应的机构，也没有专职或兼职的人员，缺乏必要的监测检验设施和经费保障机制，不能有效预防、监测、发现报告传染病疫情和突发公共卫生事件，对有效控制农村重大疾病的流行带来很大隐患。

（四）农民缺乏基本医疗保障

第三次国家卫生服务调查主要结果显示，79.1%的农村人口没有任何医疗保障，基本上靠自费看病。近几年，随着农村新型合作医疗制度的推进，参合农民就医经济负担有所减轻。但也暴露出许多问题：一是以大病统筹为主的农村新型合作医疗制度抵抗大病风险的能力有限，受益面较小，保障水平相当低；二是合作医疗的保障范围较窄，规定的报销比例和数额并不能完全解决住院病人的困难；三是政府投入的资金不足，补贴标准过低，远不能解决农村居民因病致贫、返贫问题；四是乡镇卫生院违规收费，大大弱化了新型合作医疗制度对农民的吸引力。

二、“农民健康工程”实施概况

农民健康工程是新农村建设的重要内容，也是新农村建设的重要保障。党的十六届六中全会提出：“要以解决人民群众最关心、最直接、最现实的利益问题为重点，发展社会事业”。胡锦涛总书记在中央政治局第三十五次集体学习会议上也强调，“要重点支持农村卫生，加快发展农村医疗卫生事业，巩固和完善农村医疗卫生服务网络，改善农村医疗卫生条件，加强农村卫生人才队伍建设，着力解决部分农村缺医少药的状况”。实施“农民健康工程”，保护农村生产力，提高农民健康水平，直接关系到科学发展观的落实，关系到农村和谐社会的建立，关系到农村经济社会发展和社会稳定，关系到新农村建设目标的实现。

（一）基本内涵

农民健康工程是以建立健全以县为主，县、乡、村分级负责的农村卫生管理体制为组织保障，以推进农村社区卫生服务为工作平台，以开展农民健康体检和农村公共卫生项目服务为抓手，以新型农村合作医疗制度为保障，以政府公共财政为主要支撑，旨在改善农村卫生状况，缩小城乡卫生差距，提高农民健康水平。近几年，各级政府采取了一系列措施着力发展农村卫生事业，农村缺医少药的状况得到明显改善，但总的来说，我国农村卫生工作依然相当薄弱，农民因病致贫、返贫问题还相当突出。卫生部第三次全国卫生调查显示，在农村，约有40%~60%的人因病致贫、返贫，中西部地区看不起病而死亡的比例高达60%~80%。因此，致力推进农民健康工程，健全适应新农村建设的农村医疗卫生服务体系和农民医疗保障制度，切实提高农民健康水平，对加快实现全面小康新农村目标、促进新农村经济社会发展，扎实推进新农村建设及构建新农村和谐社会都有重大的现实意义。

（二）主要内容

一是免费为连续两年参加新型农村合作医疗的农民每两年进行一次健康体检。

二是实施农村公共卫生三大类12项服务项目。

三是推行新型农村合作医疗。

（三）取得成效及存在问题

“农民健康工程”实施以来，全国各地把实施“农民健康工程”作为实事工程、民心工程、一把手工程来抓，通过加大对农村公共卫生服务的投入，健全管理体制和服务网络，完善相关的配套政策，筹措并到位了农村公共卫生服务和健康体检的专项资金，使新型农村合作医疗、农民健康体检、农村公共卫生服务项目工作得以有序推进，真正惠及了广大的农民群众，并取得了明显成效。

一是县、乡、村三级管理体制和卫生服务网络进一步健全。按照县（市、区）政府承担农村公共卫生工作全面责任的要求，各地由政府领导负责、各有关部门参加的公共卫生工作委员会或领导协调机构进一步建立健全，农村公共卫生工作情况纳入了有关部门和乡镇干部绩效考核内容，农村公共卫生组织、协调、督查有关工作有序展开；各地通过调整农村卫生资源布局和优化配置，以县级医疗卫生单位为业务指导、社区卫生服务中心（乡镇卫生院）为枢纽、社区卫生服务站（村卫生室）为网底，农村社区责任医生为骨干的农村医疗卫生服务网络进一步健全。

二是“农民健康工程”各项工作全面开展。一方面农民参保率进一步提高，受益面进一步扩大，信息化管理水平进一步提高。如浙江省87个有农业人口的县（市、区）已全部实行，参合人数2 902万人，人均筹资水平达到59.7元，参保率达86%，提前达到了中央关于2008年基本建立合作医疗制度的工作要求。另一方面农民健康体检工作全面展开。各地采取有效措施，努力整合农村医疗卫生服务资源，积极改善农村医疗卫生机构基础设施，着力推进农民健康体检工作，对体检出来的患病对象，纳入社区卫生服务的重点对象，加强了跟踪服务，达到了“无病早防、小病早发现、大病早治疗”的初衷，受到广大农民的普遍欢迎。另外，农村公共卫生服务任务逐步落实。各地认真制订公共卫生项目服务实施方案，按照“五个转变”的要求，构建社区卫生服务网络，全力推进社区责任医生制度建设，通过划分农村社区卫生服务责任区，选聘社区责任医生、建立健全工作制度和考评体系等，使农村公共卫生服务项目管理工作得以逐步开展，农村居民基本卫生服务、重点人群重点服务和基本卫生安全保障等三大类 12 项卫生服务任务得以较好的落实。

但是，当前农村卫生工作还存在一些问题：一是农村医疗卫生服务网络的构建任务仍然十分艰巨，农村社区卫生服务工作还需要进一步加强完善；二是提高农村医务人员待遇、稳定卫技人员队伍、提升他们的业务素养需要作长期的努力；三是转变医疗卫生服务模式、切实提高服务能力、缩小城乡卫生服务的差距还要下苦功夫；四是新型农村合作医疗的筹资水平、农民健康保障水平还有待进一步提高。

三、进一步推进“农民健康工程”的对策

提高农民身体素养，充分挖掘人力资源和人力资本在体能上的巨大潜在优势，使广大农民以强健的体魄投身到新农村建设中去，是新形势下各级党委、政府和主管部门的一项光荣而又艰巨的任务。应该按照城乡基本公共服务均等化和提高农民卫生健康水平的新要求，以完善新型农村合作医疗制度，深入推进“农民健康工程”，建立健全县乡村三级公共卫生管理体制，切实把新农村的医疗卫生服务事业提升到一个新水平。

（一）明确“二个职责”

明确县乡政府和村级组织的职责，并将农村公共卫生工作

情况纳入有关部门和乡镇干部绩效考核内容，村级组织负责本村范围内的公共卫生管理工作。村卫生室等村级医疗卫生机构接受村两委会、乡镇卫生院的管理和指导，主要承担责任区域的公共卫生信息收集与报告、常见病的初级诊治和转诊、健康宣教，协助建立健康档案、疾病预防控制和妇幼保健等工作。

（二）加强“三项工作”

首先，政府卫生投入要重点向农村倾斜。加大卫生支农和扶贫力度，建立和完善新型农村合作医疗制度和医疗救助制度。其次，在农村各级学校广泛开展营养卫生教育。将营养卫生教育贯穿于整个教育教学的过程当中，普及卫生知识，倡导文明、健康、科学的生活方式，帮助农民改变愚昧、落后的生活习惯。再次，大力发展农村体育事业，开展形式多样的农民健身运动。各级政府应完善农民体育健身工程的基础设施建设，为农民开展体育锻炼提供场地和器材，并定期开展以健康、休闲、娱乐为目的的体育活动，不断增强农民的身体素养。

（三）落实“四个化”

一是“服务网络化”。就是要加快建立和完善农村社区卫生服务网络，建立健全以县级医疗卫生机构为业务指导、社区卫生服务中心（乡镇卫生院）为枢纽、社区卫生服务站（村卫生室）为网底的农村医疗卫生服务网络。二是“责任网格化”。就是要按照服务的区域和人口划分责任片区，真正形成“任务到人、责任到人、经费补助到人”的工作机制。三是“管理一体化”。把社区卫生服务站（村卫生室）纳入社区卫生服务中心（乡镇卫生院）的统一管理中，实行“统一布点、统一药品、统一财务、统一制度、统一工作任务、统一业务考核”，做到“人员互动、工作互通、资源互补”。四是“信息现代化”。就是要加快构建城乡居民健康信息系统，把建立健康档案与推进城乡社区卫生服务，完善农村新型合作医疗制度、加强公共卫生项目管理和开展农民健康体检等工作有机结合，使社区责任医生更好地为社区居民提供服务。

（四）实现“五个转变”

一是实现服务功能的转变。要从单纯的医疗服务转向以公共卫生和基本医疗服务为主的“六位一体”城乡社区卫生服务。二是实现服务模式的转变。要从坐等病人转向进村入户，上门服务，从间断的医疗服务转向连续的健康服务。三是实现知识结构的转变。通过实施城乡基层卫技人员素养提升工程，使医务人员从掌握单科医学知识转向掌握全科医学知识。四是实现运行机制的转变。实行按需聘人、竞聘上岗、岗位管理、绩效考核等方式，强化责任医师的职责和服务意识。五是实现投入机制的转变。探索“收支两条线”管理模式，从“以药补医、以医养防”转向由政府保障社区卫生经费。

第三节　农民健身工程

一、农村体育发展的基础

我国是一个农业大国，有近80%的人口生活在农村。广泛开展农村体育活动对于增强广大农民体质，提高健康水平，丰富业余文化生活，移风易俗，形成科学、文明、健康的生活方式有着重要作用。新中国成立以来，在各级政府的关心和重视下，中国农村体育活动广泛开展，农村体育事业有了很大发展。在新农村建设的带动下，各地都加大了对农村体育事业的支持力度，开展了建设小康体育村活动，农村体育场地设施条件得到了极大改善，为农民群众锻炼身体创造了良好条件，保证了农民群众对体育运动的需要。但是，由于中国农村地域辽阔、底子薄、欠账多，体育资源严重不足，特别是体育场地缺少严重制约了农村体育的发展。根据“第五次全国体育场地普查”统计，我国现有体育场地85万多个，其中仅有8.18%分布在乡（镇）村。

健康是第一的。世界万物当中人是最宝贵的，人最宝贵的是健康。但2005年《国民体质测定标准》监测数据显示，男性农民平均优秀率为10.7%，不合格率为17.2%；女性农民的优秀率为8.4%，不合格率为21.2%。和城市的体力劳动者优秀率16.1%、不合格率为11.6%相比，存在较大差距。目前农民因病致贫、返贫的现象还时有发生。增强农民的体质，加强农村的体育工作任重道远。

二、农民健身工程实施情况

广泛开展农村体育活动，提高农民的健康素养，是新农村建设的一个重要方面，也是农村新社区社会服务体系建设的重要内容。《中共中央关于推进农村改革发展若干重大问题的决定》指出，要“发展农村体育事业，开展农民健身活动。”为此，要根据广大农民群众日益增长的健身需求，以农民健身工程为载体，进一步强化农村新社区的体育健身设施建设，开展多种形式的体育活动和比赛，培育一支农民体育队伍，使广大农民群众的健康素养不断得到提升。《中华人民共和国国民经济和社会发展第十一个五年规划纲要》提出要“推动实施农民体育健身工程”，这是我国推进新农村建设的一项重要举措，对于增进农民健康、提升农村的文明程度和农民的文明素养，促进农村体育事业的发展有着重要意义。为此，2006年国家体育总局制定下发了《关于实施农民体育健身工程的意见》，要求各级体育部门将实施农民体育健身工程建设作为今后相当长一个时期体育工作的一项重要任务，并在全国范围正式启动。

农民体育健身工程是以行政村为主要实施对象，以经济、实用的小型公共体育健身场地设施建设为重点，把场地建到农民身边，同时推动农村体育组织建设、体育活动站（点）建设，广泛开展农村体育活动，构建农村体育服务体系。农民体育健身工程的指导思想是从实际出发、科学规划、因地制宜、量力而行，有计划、有步骤、有重点地扎实稳步地推进；实施的对象是符合建设条件，并且有积极性、主动性，能够认真履行建设使用管理职责的行政村，以申报、审核的方式来决定；建设方式是中央资金引导，地方各级政府投资为主，社会支持为辅，体育彩票公益金配置器材，农民自愿义务投工投劳进行建设；场地模式是利用行政村的公共用地建设经济适用的健身场地设施；体育场地建设的基本标准是一块混凝土标准篮球场，配备一副标准篮球架和两张室外乒乓球台。

实施农民体育健身工程是新农村建设中投资最少、见效最快，农民直接受益的一项为民工程。自2006年至今，《“十一五”农民体育健身工程建设规划》确定的由国家发改委安排的4亿元投资已全部下达，另外国家体育总局和财政部合计安排体育彩票公益金7.6亿元。《规划》确定的“到2010年，在全国10万个行政村建设一批深受农民欢迎的简易体育健身设施”的建设任务提前一年并超额完成。2010年，中央投资2.3亿元实施农民健身工程，年底建成17.7万个农民健身设施。

农民体育健身工程的实施，丰富了农民的业余文化生活，对农民体质的提高起到了一定的促进作用，悄然改变着农民的生活方式。它极大地改善了农民生活品质，增进了农民身体健康，提升了农村文明程度，促进了农村体育事业发展，被群众称为政府的“德政工程”，深受老百姓欢迎。但是，农民体育健身工程在全国启动已经5年，可喜的成绩背后，这项惠及9亿农民的工程也还存在一些问题，如建设项目单一、使用效率不高、缺乏有效管理等。由于基础薄弱、历史欠账过多、农民缺乏健身知识等原因，构建具有中国特色的全民健身体系，重点在农村，难点也在农村。

三、深化农民健身工程的对策

实施农民健身工程是推进新农村建设的一项重要举措，是一项农民可以直接受益的惠民工程。在实施这项工程的过程中，必须充分考虑农民的实际需求，和新农村建设的其他措施有机结合起来，科学规划，因地制宜，扎实推进；必须做到各级各部门各单位协同协作合力，才能使这项惠民工程真正造福于广大农民群众。

（一）拓展农民健身工程内涵

在原有模式基础上充分考虑农民体育需求、当地体育传统、年龄差异等特点，拓展农民健身工程模式。一是健身路径模式。当前留在农村的主要是老年人和儿童，而篮球、乒乓球不适合在老年农民中大范围开展，故应根据健身路径“简便、易学、适用”以及集健身性、趣味性于一体，受各种条件限制较少，更适合广大农民，尤其适合农村老年人群和儿童的特点，因地适宜，多建些健身路径。二是传统项目模式。中国农村经过几千年的历史沉淀，各地都形成了与当地生活习惯相匹配的传统体育项目，诸如武术、舞龙舞狮、气排球、门球、跳绳、拔河等，可以因地、因时制宜，整理、研究和开发这些农村传统体育项目，将趣味性、娱乐性、竞技性融为一体，有针对性地进行引导、规划，配备相应的健身器材，发展特色，形成规模，使其成为农民休闲体育活动的重要组成部分。三是体育活动室模式。随着社会主义新村建设的不断深入，各村都建立了相对集中的村委会，可以考虑将农村体育活动室纳入村委会建设规划，根据当地农民特点，配送一些室内体育活动器材，这种模式既满足了农民健身的需求，又弥补了室外体育场地受天气条件影响的因素。

（二）协同协作联动加快农民健身工程建设

农民健身工程是一个系统工程，涉及多个部门的协同、协作、联动，如何有效利用现有资源，最大限度整合资源，最大限度发挥效益，是考量农民健身工程的重要尺度，与相关部门或单位“共建”无疑是最有效的形式。一是与学校共建。就广大农村而言，学校本身就是人群最为集中的场所，也是适合开展体育活动的场所。应结合学校体育场馆对外开放，配套建设农村体育工程，同时推进场馆开放和农民健身。二是与村委会共建。在新农村建设时，将体育活动场地建设同村委会建设有机结合起来，统筹兼顾硬化、绿化、亮化、美化等配套设施，使活动场所选址恰当、设计合理、美观大方、经济实用。三是与文化广场共建。在待建的广场中规划体育设施场地，在已建的广场添置农民喜爱的健身器材，让人们在体验高品质文化生活的同时，还能享受体育健身的乐趣。

（三）协同协作合力加强对农民健身工程的管理

管好农村体育场地设施是建设农民健身工程的重点环节。要按照亲民、利民、便民原则，做到农民健身工程有人健、有人用、有人管，建得便民、用得利民、管得亲民。一是村委会管理。对于建设在行政村的体育器材，可由村委会确定专人管理，签订责任状，纳入工作目标考核，由乡镇文体站进行监督管理。二是学校管理。对于与学校共建的体育场地设施，可由学校安排体育教师为主负责，明确责任指导管理。三是社会体育指导员管理。对于街道、社区、广场、单位的体育设施，由社会体育指导员负责器材管理，指导和组织活动，社会体育指导员由体育部门统一培训，持证上岗。

第四节　提升农民健康素养的基本策略

一、加强健康素养的教育培训

要大力宣传普及《中国公民健康素养——基本知识与技能（试行）》和《中国公民健康素养基本知识与技能释义》文本，让广大农民群众知道提高健康素养的重要性和掌握健康素养的知识技能。通过一系列的教育管理，大力倡导现代文明新风，促使农民自觉养成健康卫生习惯，努力提高自己的身体素养。

二、倡导讲卫生的文明新风尚

要积极开展行为健康教育，进一步改变农民不良的生活方式和卫生行为，在形成良好的生活习惯的同时，不断提高健康素养，有力推进文明素养教育工作的深入开展；要大力倡导科学生活方式，围绕“乡风文明、村容整洁”的目标，把创建文明卫生村工作列入重要议事日程，调动广大村民改变村居环境、建设美好家园的积极性，养成科学、文明、健康的生活方式，从而提高村民健康意识和良好卫生习惯；要深入实施文明卫生农户创建活动，通过评选星级文明户、卫生样板户、生态示范户等创建活动，形成人人讲文明、户户比清洁的良好文明风尚。

三、养成良好的卫生习惯

一是养成农民讲卫生的习惯，做到饭前、便后要洗手；不随地吐痰、甩鼻涕；不对着别人咳嗽、打喷嚏；不在公共场所吸烟；不过度饮酒；不喝不洁净水；讲究饮食卫生，生吃瓜果应洗净或削皮；不乱抛垃圾倒污水；勤晒衣服被褥；维护公厕卫生。二是除“四害”，防疾病。苍蝇、蚊子、老鼠、蟑螂是传染各种疾病、严重威胁人们身体健康的“四害”。要教育农民掌握除“四害”的基本方法，根治“四害”滋生的环境，提高除“四害”的自觉性，做好预防传染性疾病的基础工作。

模块十一　新型职业农民礼仪素养

第一节　礼仪素养的内涵

礼仪是对礼节、仪式的统称，是人们在社会交往活动中约定俗成的一种敬重他人、美化自身的行为规范、准则及程序。可见，礼貌是礼仪的基础，礼节是礼仪的基本组成部分。

为了完整准确地把握礼仪的内涵，我们可以从以下几方面加以理解。

一、礼仪是一种行为准则或规范

从道德角度看，礼仪可以被界定为为人处世的行为规范，或者说标准做法、行为准则。礼仪的这种准则性或规范性，表达着社会交往的要求。

二、礼仪是一种程序、方式

礼仪是非常讲究程序和方式的，如果说行为准则或规范主要体现礼貌的要求，那么程序、方式则是礼节的化身。

三、礼仪是约定俗成的，既为人们认可，又为人们遵守

礼仪既可以说是在人际交往中约定俗成的示人以尊重、友好的习惯形式，也可以说是在人际交往中必须遵行的律己敬人的习惯做法。

四、礼仪表达着人们的相互尊重、敬意与友善

讲究礼仪就必须在思想上对交往对象有尊敬之意，有乐贤之容，只有这样才能达到人与人之间的和谐与融洽。

五、礼仪是人们社会交往的产物

从交际的角度看，礼仪可以说是人际交往中适用的一种艺

术，也可以说是一种交际方式或交际方法。它在人们的社会交往中产生，同时，又以自己特有的功能维系、深化和推动着人们的社会交往，使其日趋进步与文明。

六、礼仪是美的化身

从审美的角度看，礼仪可以说是一种形式美。它不仅可以美化人自身，还可以美化环境、美化社会。它是人的心灵美的必然外化。

第二节　礼仪素养的内容

一、加强思想品德的修养

社会公德是维系人类共同生活，调整人与人之间、人与社会组织之间关系的行为准则。思想品德修养是礼仪修养最重要、最基本的内容，是礼仪素养的基础。

公正、坦率的道德品质，是高尚人格的标志。只有自身具备良好的道德品质，在处理人与人之间的关系时，才会公正坦率，襟怀坦白，实事求是，既不会盛气凌人，也不会低三下四。

谦虚谨慎的态度，是一种良好的品行与作风。谦虚的核心是一分为二地认识自己。只有正确认识自己，才能虚心向他人学习求教，谦恭礼貌地与人交往。

道德是社会意识形态之一，是人们共同生活及其行为的准则和规范。加强道德修养，对陶冶情操、锻炼自觉遵守礼仪规范的能力，有着极为重要的作用。

二、加强科学文化知识的学习

知识是人们在改造世界的实践中获得的认识和经验的总和。自人类产生以来，人们就不断地积累和获得知识，逐渐形成现在的知识体系。作为一名青年学生，必须加深自身文化知识的底蕴，不但要了解自己国家独特的文化传统，而且应了解不同地域、民族的独特文化传统，这样才能根据来自不同文化背景的工作对象，调整自己的礼仪行为。

三、加强文学艺术的欣赏能力

阅读世界文学名著有利于文化素养的培养和欣赏水平的提高。培根曾说过："读史使人明智，读诗使人灵秀，数学使人深刻，伦理学使人庄重，逻辑修辞学使人善辩……"世界文学名著是整个人类智慧的结晶，是人类精神宝库中最灿烂的组成部分，古往今来，世界名著影响了历史进程，同时也影响启迪了一代又一代的人。阅读名著，不仅能提高理论修养和写作能力，而且能够陶冶情操、领悟人生和获得智慧，从而为走向成功打下坚实的基础。

第三节　礼仪修养的途径和方法

我国古代的伦理思想中就十分注重修养之道。古人云："玉不琢，不成器。"以此强调修养的重要性。思想家、教育家孔子强调"修己以安人""修己以安百姓"，都在强调自我修养。自我修养是指在个人思想意志、道德品质、学识技能等方面进行主动、自觉的锻炼，是人的素养不断提高和自我认识不断发展的过程。那么如何进行自身素养的修养呢？这里我们看看周总理给自己制定的"我的修养要则"，其内容如下。

（1）加紧学习，抓住中心，宁精毋滥，宁专毋多。

（2）努力工作，要有计划，有重点，有条理。

（3）习作合一，要注意时间、空间和条件，使之配合适当，要注意检讨和整理，要有发现和创造。

（4）要与自己的、他人的一切不正确的思想意识做原则上的坚决的斗争。

（5）适当地发扬自己的长处，具体地纠正自己的短处。

（6）永远不与群众隔离，向群众学习，并帮助他们。过集体生活，注意调研，遵守纪律。

（7）健全自己的身体，保持合理的、规律的生活，这是自我修养的物质基础。

以周总理的“自我修养”为借鉴，我们可以归纳出如下礼仪修养的途径和方法。

一、要加强学习

职业农民更应该抓紧时间，利用良好的条件努力学习各方面知识。在学习的过程中，要注意抓住重点，不能贪多，应该懂得一步到位是不可能的，应该循序渐进。

二、要注意实践

进行礼仪修养，要避免“纸上谈兵”，应把学到的礼仪知识和实践紧密相结合，而且注意从实际情况出发，灵活运用知识。俗话说：“眼过千遍，不如手过一遍。”只有在实践中才能将知识融会贯通，才能加深对礼仪规范的领会、理解。同时在实践的过程中，应注意找出自己的不足和差距，通过再学习进一步完善自身行为，使礼仪修养得到提高。

三、要有严格的自律精神

自律就是指自己定出要求，自觉遵守执行。自我要求要以“严”为本。自律性还表现为“慎独”，所谓“慎独”是一种修养方法，它的核心是强调自觉，在无人监督时也能严格要求自己，它是修养的最高境界。自律是礼仪修养的必由之路。

四、要持之以恒

知识靠日积月累，素养靠点滴养成。进行礼仪修养，关键是坚持。只要按照礼仪规范去做，并注意细节，经过长期不懈的努力，一定能拥有良好的礼仪习惯。

模块十二 美化乡风民风

乡风文化是一个国家或民族中广大民众所创造、享用和传承的生活文化。它起源于人类社会群体生活的需要，在特定的民族、时代和地域中不断形成、扩大和演变，为民众的日常生活服务。中国的乡风文化是中华民族几千年文化的结晶，它由道家文化、佛教文化、儒家文化等风俗习惯内容组成。传统文明起源于过去，融合于现在及未来的动态主流观念和价值取向，作为一种意识形态的存在，广泛影响着人们的思想和行动。

民俗活动在世世代代的传承和发展过程中，凝结了历代劳动人民的集体智慧。它的内涵与形式和农村生活密不可分。农村作为民俗活动发源成长的土壤，具有最适宜传承和发展的先天条件。从目前情况看，虽然乡村文化设施等硬件方面日益完善，但是从事乡村文化活动的人群逐渐衰微，范围逐渐缩小。

第一节 乡村习俗民风的价值

民俗是民间流行的风俗习惯。它与社会生活有着密切的联系，是绝大多数人共同拥有的行为模式与价值观念。民俗是由大多数人之性情、爱好、言语、习惯等经过漫长的发展时间，在潜移默化中逐渐形成的一种风俗；是人们在长期的社会生活中相沿承袭的生活及文化活动，由诸如生老病死、衣食住行、婚丧嫁娶、宗教信仰、巫术禁忌等内容广泛、形式多样的社会生活所组成。民俗体现一定的价值观，影响着人们的意识与行为，充分体现出其社会价值。民风民俗通过长期的心理灌输，使人们形成自觉的行为方式，更好地得以交流、融合，促进人类文明的发展。民风民俗教育与规范着人们的生活，维系与调节着人们的各种关系，不仅对于个人的成长有积极的促进作用，对于社会的进步也起着不可忽视的作用。尤其是从礼仪的角度科学认识民俗的社会功能，具有十分重要的价值。

一、习俗民风是乡村文化建设的根基

传统民俗活动反映了一个地区的文化发展历史，是传统的社会环境、经济环境、自然生态的产物，反映了当地群众的生活娱乐和审美情趣，更是紧密联系国家方针、政策的产物，并深受其影响。

作为世代相传、约定俗成的民俗活动，承载了农村群众的传统精神，保留了大量的传统生活方式，如供桌上的水果、猪头、鸡鸭、寿桃、方糕、粽子等；包含了丰富的文化内容，如庙会时丰富的民间文艺演出，有舞龙、打腰鼓、打莲湘、卖珠宝、挑花篮、荡湖船、唱小戏等。民俗在一定程度上体现了农村群众勤劳质朴、热爱生活的精神特质，使其在集体活动中树立正确的人生观、价值观，培养团结互助、谦让奉献的主人翁精神。

特别是推进中的乡村文化建设，以及实施中的文化品牌战略、原汁原味的传统民间节日、雅俗共赏的民间文化活动，都融洽在我们每个人的血脉和生活流程中，存储在社会各阶层的心理结构中，具有无形的凝聚力。地方特色鲜明、时代特征明显的传统民俗活动是乡村文化建设蓬勃兴起的坚实基础。

（一）民俗活动是推动新农村建设的有效手段

乡风文化是中国传统文化的重要组成部分，在新农村建设之中发挥着重要作用。

乡风文化是历史文明的传承。乡风文化承载的是历史发展长河中人们的精神与情感，是农村原生态的、深厚的文化积淀。目前我国的文化生态正在发生改变，而乡风文化也以它自身传统而独特的方式集聚在农村。它所涉及的范围非常广泛，有文学、音乐、舞蹈、体育竞技、医药、手工技艺、民俗等多方面。每个人的衣食住行也都浸润在他所生长的社会文化体系中，所以乡风文化在各个方面都潜移默化地影响并教化着人们的思想观念。无论时代如何发展，都需要汲取乡风文化中的精华，使乡风文化作为新农村建设持续发展的催化剂，使乡风文化更好地传承、发展下去。

乡风文化是构建和谐社会的文化基础。在和谐社会的建设中，特别是在新农村建设日益推进的今天，我们需要倡导正确的传统伦理道德，鼓励向善的个人美德，历史地、辩证地审视和正视乡风文化的发展与保护。民俗活动是乡村文化建设的重要组成部分，活动本身包含了人与自然、人与社会、人与人之间和谐、开放、可持续发展的时代特征。冯骥才先生曾经这样描述过民间乡风文化：它的本质是和谐；它的终极目的从来就是人与自然的和谐（天人合一），还有人间的和谐（和为贵），因此它是我们建设和谐农村和先进文化的得天独厚的根基。各民族、各地域的文化都是那一方水土独特的精神创造和审美创造。它又是人们乡土情感、亲和力和自豪感的凭借，以及永不过时的文化资源和文化资本。

乡风文化是新农村建设的重要财富。乡风文化反映一个地区的地理特征、历史渊源，反映当地群众的生活习俗、生存状态。积极向上的乡风文化活动有利于创造和谐的社会环境，提升当地的社会知名度。乡风文化已成为各地发展的一张无形的名片，让更多海内外的朋友知道并了解当地的风土人情。进一步说，乡风文化以其特有的表达方式以及独特的艺术魅力，陶冶人的情操，凝聚人的精神，提升人的素养。优美的人文环境、淳朴的乡间民风吸引更多的各地客商前来投资兴业。一系列民俗活动的开展，也充分体现出“文化搭台，经济唱戏”的新格局，为文化经贸交流搭建了一个良好的平台。

（二）参与民俗活动的群众是乡村文化建设的主角

农村人群中的多数年轻人外出求学，多数青壮年外出打工，很多人对于这种传统的民俗活动多是一知半解。民俗中许多带道具的表演，如卖珠宝、扎肉提香等文艺演出已濒临失传。另外，由于缺少壮年男子的加入，许多体育竞技活动也已逐年减少。现在，很多民俗活动中身怀绝技的老艺人都已体弱年迈，或已驾鹤西归。这些宝贵的民间文化遗产也就随着人的消逝而消逝。传统文化遗产的消失是无法用任何方式、任何物质来弥补的，一旦灭绝就永不再生。

另外，随着新农村建设的推进，人们的生产生活方式出现了重大转变，原来集聚的乡风文化体系随着“两新”工程等的发展被变相打散，乡风文化白勺传承相对于民俗活动的口耳相承更需要抢救、保护、传承。在做好老一辈民间艺人挖掘的同时，应培养起年轻一代的乡风文化队伍，调动起农村群众参与文化活动的积极性，增强乡村文化建设的活力。

新农村建设的关键因素在于“人”，只有农民的文明素养和文化素养提高了，致富技能加强了，具有了“造血”功能，新农村建设才能长足发展，不乏动力。参与乡村文化活动的广大农民群众，才是新乡村文化的主角。同样，乡村文化只有深深植根于广大农民群众中，才有旺盛不竭的生命力。

二、民俗的五大功能

民俗是具有社会共同认可前提的。它的形成取决于大多数人的价值取向模式，而非个人喜好。因此，它形成后也对绝大部分人生效，以不同于法律法规的模式制约与影响着人们的生活，使人们在民俗理念的基础上彼此交往、相互合作。缪菁在《兰州学刊》撰文概括为五大功能，很有代表性。

（一）教化功能

社会民俗的教化功能，指民俗在人类个体的社会文化过程中所起的教育和模塑作用。社会生活总是先于个人而存在，个人不能选择他所希望的社会形式，人总是在十分确定的前提和条件下创造历史。人是文化的产物。民俗作为一种文化现象，在个人社会化过程中占有决定性的地位。人一出生，就进入了民俗的规范。人生活在民俗中，就像鱼生活在水中一样，须臾不可离开。教化功能是民俗社会功能的一个组成部分，是不同于文字等教育手段及教育设施的特有形式。它通过一些民俗事项，如神话、寓言等发挥着教育工具的作用；着重在伦理道德、行为规范、团体与个体关系等方面对下一代人进行渲染与培养。同时，民俗事项在一定程度上保持了文化的稳定，使一些活跃的、强有力的（社会）力量得以发展延续，不断推进人类文明的进步。如各种风俗、祭祀、礼仪不仅保持了文化，而且强化了人们的民族意识，使其保持和延续自己文化传统上的责任与义务。礼仪要求人们自觉遵守社会所倡导的行为规范，并且纠正那些不合乎规范的行为。它通过教育和修养的手段，提高人们的自觉性，从而形成行为自律，鼓励和引导个人在思想修养等方面趋于完美的境界。

如在中国，对于长辈的称呼，一定要有敬称，不能直呼其名。这虽然看似自然，却也是一种民俗的发展结果，成为礼仪最基本的部分。这种礼仪的形成，没有什么强制手段，采用约定俗成、继承延续的自然方式，使得尊敬长辈成为内心自然而然的情感留存，也增添了社会秩序的有序性。

（二）规范功能

社会民俗的规范功能，指民俗对社会群体中每个成员的行为方式所具有的约束作用。人类社会是群体社会。许多人生活在一起，就必须建立必要的秩序。没有秩序就会乱作一团，没有规矩不成方圆。就是孩子们在一起玩游戏，也得制定大家都认可的游戏规则，并且大家都遵守这个游戏规则，游戏才能顺利地进行下去。推而广之，人类社会的群体生活要能进行下去，使得人们能够和谐相处，就需要建立一种适宜于这一群体生活的正常秩序，并用一系列被群体成员普遍认可的行为规范来约束，以保证这种秩序的正常运行。规范功能是民俗事项的另一重要功能，它具有实施社会压力和社会控制的作用。许多民俗事项并不是法律，但在某些情况下却具有法律的功用，对人们的思想和行为具有强烈的约束效果。这种约束作用一般是借助于强大的社会舆论和人们的良心、负罪感、内疚感等一系列心理活动来达到的，是一种自律的变相表现方式。它通过一种暗示方式左右着人们的行为，而非暴力手段。而各种习俗、惯例、禁忌等民俗事项都具有这种功能。礼仪为人们划定了行为的得体或失礼的范围，制定出人们应该具有的行为模式与标准，是人们自尊心的必然要求。人是社会性生物，需要社会的认可，是活跃于集体中的因子。缺失了礼仪会造成一定程度的被冷落、被排斥，而这种心理就成为民俗中的礼仪起作用的主要动因。如中国传统的待客之礼，应是主动、周到；与客人交谈要精力集中，不能漫不经心，不能读书看报或频频看表。否则，这些都是不尊重对方的。有些人追求所谓的“随意”，但一定要建立在礼貌的基础上，否则就成为缺少内涵修养的表现。尊重民俗礼仪也是尊重自身文化的方面，不能忽视。

（三）维系功能

社会民俗的维系功能，指民俗统一群体的行为与思想，使社会生活保持稳定，使群体内所有成员保持向心力和凝聚力。民俗不仅统一着社会成员的行为方式，更重要的是维系着群体或民族的文化心理。每个民族或社会群体，都生活在特定的自然条件和社会环境中，有自己独特的历史道路，因而形成了特定的集体心理。民俗是人们认同自己所属集团的标识。例如，世界各地的华侨虽然身处异地，但他们通过讲汉语、吃中餐、过中国传统节日等方式，与自己的民族保持认同。中国是多民族国家。每一个民族都有其本民族的特色与特点，有着有别于其他民族的习惯与生活方式。这是历史发展的结果，形成了独特的民俗。而所有这些却维系着一个民族所有人的关系。不管何时何地，本民族的成员都会有一种特有的默契，保持相协调的状态发展进步。而所有的民族又因为中国几千年的独特习俗，共有中国人生活的特点，如饮食、居住等方面的共同特征。这又维系着所有民族的关系，在同一个国家中共同奋斗、共同发展。礼仪也是这样一种规范。有了礼仪，人们就有可能谋求进入有序的轨道。人与人之间有了正常的交往与协作，也就有可能使得群体产生向心力和凝聚力，从而进一步保证社会的稳定和健康的发展。不同民族的人们在一起，应相互尊重民族习俗、民俗礼仪。对于有宗教信仰的少数民族人群，应尊重其宗教信仰，不应嘲笑、讽刺。相互的尊重可以促进关系的融合，从大处着眼也有利于社会的稳定。民俗的维系功能十分重要，它起着稳定社会格局的作用。对此项功能的深人研究，有利于国家乃至整个国际社会的稳定与繁荣。

（四）调节功能

社会民俗的调节功能是指民俗活动中的娱乐、宣泄、补偿等方式，使人类社会生活和心理本能得到调剂。在社会民俗这个领域里，我们尤其要指出的是在人际交往过程中的一系列习俗惯制，往往是协调人际关系的一种润滑剂和调节器。《史记》里记载了一则张良年轻时候的传说，一直为人们所称道。张良当年在毗桥散步。一位老人故意把鞋落到桥下，让张良去拾。张良心中十分不快，不过想到他是老年人，就忍了下来，不仅帮老人去捡鞋子，而且还恭恭敬敬地替老人穿上。老人称赞他："孺子可教也！"并约他五天后在刚天亮时到桥上来相会。张良赴约，却两次比老人到得迟。老人很生气，批评他，说："跟老年人赴约，怎么可以迟到？"要他再过五天来。第三次，张良未到半夜就等候在桥上。老人很高兴，说："当如是。"于是送给他一部极有价值的天书，据说这部天书成就了张良。这个传说有夸张和虚构的成分，却真实地反映出了人们对历史的理解。不难看出，在古代的社会民俗中确实有许多尊老的内容。对于年轻人对待老年人的行为方式，形成了一系列的规范和约束。张良遵循了这种规范和约束，表现出良好的礼仪行为，才获得了与老人交往的成功。民俗的调节功能通过纠正人们的行为方式，塑造良好的社交形象，来达到协调人际关系的目的。并且，在一定程度上，以某些特有的方式调节人们的内心情绪，促进了社会的稳定。人们需要共同的社会群体，因为共同的生活有利于个体的自我保存。这种共同生存方式要求限制个人自由、强迫劳动、压制个别社团成员的利己私欲等。要想使人类的行为符合社会的需要，只能依靠强制的力量。民俗运用其特有的功能限制与调节人们的各种活动，使人们更好地在社会中发展前进。民俗事项中的笑话、绕口令、童谣等往往具有明显的心理调节功能。某些民俗的活动，如民间歌舞、民间竞技等也在不同程度上调节着人们的心态。礼仪也同样具有调节人们生活状态的作用。在现实生活之中，按等级分配仍然是不可避免的。如在大型的会议中，主席台上的座位都是按照一定的等级秩序来安排的，以保证仪式的规范与正常进行。这种调节功能就是礼仪民俗所特有的。同时，礼仪也在人际关系的交往中起很大的作用。良好而得体的礼仪可以化解矛盾，使人们以礼让的态度互相对待，从而形成良好的交际氛围。如在民间礼俗中，寻求合适的时机送上一份恰当的礼物来弥合存在的裂痕或沟通已疏远的朋友，都是调节的表现。在公共场合妨碍了别人时，礼貌的“对不起”等便可缓和气氛、化解冲突。

（五）教育功能

社会民俗的教育功能，主要表现在社会群体对其成员的教化作用。从一个人出生之时起，他生于其中的风俗就在塑造着他的经验和行为。到他能说话时，他就成了自己文化的小小创造物。而当他长大成人并能参加这种文化的活动时，其文化的习惯就是他的习惯，其文化的信仰就是他的信仰。这样一种教化过程，一般不是由学校教育来完成的，而是由社会民俗来实施的。首先，在每个孩子自己的家庭里，由家庭这个社会组织来实施。在孩子稍稍长大些后，在他所在的家族和村落里，他周围的人也用各种方式热心地教化他，告诉他或是暗示他哪些是民俗允许他做的、哪些是民俗不允许做的，并且教会他一系列的行为规范以及行为规范所赖以存在的文化心理。此后，当他每进入一种社会组织，这个社会组织的其他成员便立即会用种种方式帮助他迅速地习得该社会组织里的习俗惯制。

民俗和法律不同。后者通过强制手段强制约束人们的行为；而前者虽然有一定程度上的强制，但更多的是一种软控，重在自律，是一种潜移默化的过程。也就是说，社会民俗对个体成员的要求，主要是通过示范、灌输、评价、劝阻等教育方法，要求人们遵守社会所倡导的、所允许的那些行为规范，并且自觉纠正社会所不允许的行为方式。民俗是具有社会性的，它与人们的生活息息相关，它的社会功能体现在各个方面，而礼仪中的体现只是很小的一个支流。它在一定程度上反映了这些功能的巨大价值，很具有代表性。社会民俗的被遵循，不仅仅是一种行为方式的习得，同时还在文化心理上产生了深刻的作用。逐渐地，全体社会成员便有可能形成大致相同的价值判断定势。由此可见，社会民俗的实施过程实际上也就成了一个社会成员接受教化的过程。民俗礼仪是社会生活不可或缺的重要内容。它使人们具有自觉的意识，更加文明，更加进步，增强自身的自尊、自律、自信，为民族的振兴与国家的繁荣而不断努力。民俗学是一门价值性极高的学科，应加强对其重视程度，以求在相关学科得到应用，促进共同的发展，更好地指导人类的生活。

三、民俗促进区域经济繁荣发展

农村习俗是乡村民众在长期生活中所形成的生活方式与行为习惯，是具有鲜明特色的乡村文化。它既反映了村民的生存、生活状态与精神面貌，又维系着农村生活秩序与邻里关系，对农村社会稳定与经济发展具有十分重要的影响与作用。

（一）有利于提高地区的知名度

各地的民风民俗有各自的特点，因而对于提升地区的知名度有重要作用。

各地举办文化节的目的就是进一步提高地区的知名度。充分挖掘农牧业特产资源、特色文化，展示乡风文化魅力，可进一步提高其知名度、美誉度和外向度。集中推介以民俗民风为代表的丰富优质文化资源，开展经贸洽谈和招商引资活动，可以让更多的人了解，从而促进经济社会更好更快地发展，展示深厚的文化底蕴，树立文明开放的形象。通过各种民俗民风文化节，外界的朋友更多的了解了当地丰富的民俗民风文化资源，当地的经济发展获得了新的契机。应发挥民俗民风文化的综合效应，打造文化品牌；通过“文化搭台、经贸唱戏”促进招商引资和经贸合作；推动经济强县、文化名县建设；打造与民俗民风有关的文化和经济产业，加强与企业的合作，使民俗民风文化与市场经济紧密结合起来，形成一批经济效益佳、社会影响力大的相关产业，促进区域经济快速发展。

（二）有利于凝聚民心

乡风文化是民族精神、个性特征的载体，具有团结社会的凝聚力与亲和力。乡风文化还可以教化人心、匡正风气。民俗还是法律的补充，社会治理需要有效地运用民俗的力量。譬如春节所表现出的敬奉祖先、家庭和睦、邻里和谐的“和合”精神，端午节所崇尚的对真、善、美的执着追求及强烈的爱国主义情怀，七夕节所蕴含的忠贞不渝、诚信友爱的观念，重阳文化所尊奉的“五伦之孝，推家至国，以孝齐家，以孝治国，达至和谐大同”的传统美德等。倡导对传统节庆的弘扬，对于尊崇人伦观念、规范言行礼仪、调和人际关系、调适群体生活、提升道德水准乃至构建和谐社会无疑具有其重要作用。

（三）有利于发展特色旅游文化

民俗是最活跃的旅游资源，民俗涉及旅游的行、游、住、食、购、娱的方方面面。应综合开发，发挥它的综合作用。因此，对乡风文化的旅游开发进行研究已成为当今一个十分重要的资源。应秉承深厚的传统民间文化底蕴，开发历史古迹，竭力弘扬马戏、杂技等一批非物质文化遗产，发展观光农业，把农业与文化融合起来，力求突出“特”字；办好各种艺术节，着重打出“精”字；主推文化游，在对民风民俗现状有深刻了解的基础上，对民间艺术和民风民俗要大力宣传，让更多的人来观光旅游。

第二节　我国乡村的社会习俗变迁

社会习俗是指历代相习、积久而成的风尚、礼节、习惯的总和。它具有相当大的稳固性，但社会习俗并非静止不动，尤其是在社会急剧变革的时期，社会习俗的兴衰生灭表现得尤为激烈。中国新时期的经济改革以农村为突破口，改革带来的经济发展必然会促进中国农村社会习俗的变迁。20 世纪 80 年代是经济改革在中国农村全面展开的时期，它在改革开放以来中国农村的社会变迁过程中处于承前启后的位置，这一时期的社会习俗变迁必然有其独到的特点。

一、我国乡村消费习俗的变迁

消费习俗是与人们的社会生活联系最为密切的方面，也是最为活跃、最易变化的习俗因子，一般情况下可以概括为服饰、饮食、居住和出行 4 个方面。

（一）服饰习俗的变化

从新中国成立到中国共产党第十一届中央委员会第三次全体会议之前，由于各种因素的影响，中国人服饰的单一与趋同现象非常显著，曾被讥称为“蓝蚂蚁”“灰蚂蚁”。农村当然也不例外。尤其是由于经济条件的限制，“新三年，旧三年，缝缝补补又三年”，不仅是一种社会风气的提倡，在农村更是一种万不得已的选择。到 20 世纪 80 年代，以上情况发生了很大的变化。

从服装质料上来说，20 世纪 80 年代，中国农村的棉布消费减少，呢绒、绸缎、化纤布、毛线等的消费增加。其中，化纤布、呢绒的消费增幅最大。这与 20 世纪 90 年代末的“返璞归真”（即转而倾向于纯棉类的消费）刚好相反，但的确反映了当时的服饰消费时尚。在服装的颜色上，农村同城市一样，开始以五彩缤纷取代了过去的蓝、灰、黑。在服装的样式上，开始由注重实用转为注重美观，喇叭裤、连衣裙、夹克衫、西装等也成为农村年轻人的时尚。尤其是一些外出“见过世面”的年轻人，成为农村新式服装普及的领头人。许多农民尤其是年轻人不再让裁缝做衣服，而是开始消费成品衣。农村集镇的服装店逐渐多了起来。浙江温州等地面向农村的服装市场的兴起，也正式开始于20世纪80年代。一些农村的年轻女子也开始佩戴项链、戒指、耳环等各种饰品，高跟鞋、丝袜、化妆品也成为农家女子的偏爱。在发式上，改革开放前，农村男子多为平头或光头，女子多为短发或两个发辫。到20世纪80年代，许多年轻人大胆改变了发型，男子留起了分头，当时一度在城市流行的男子长发在农村也有过一定市场。许多年轻女子开始烫发、盘发，有的留起披肩长发或扎起一个马尾巴，扎着两根长辫子的“村姑”形象成了过去。理发店、美容店在农村的集镇上也日益增多。

（二）饮食习俗的变化

中国是世界上饮食文化较为发达的国家。总的来说，中国经过几千年的发展，已形成了自己独特的饮食模式，并且一直没有多大变化，即以五谷为主食，以各种蔬菜、肉类为副食。这一传统饮食模式的稳定性在农村的体现更为显著。但由经济因素决定的具体的饮食构成，在不同的时期还是有所不同，从而也就带来了饮食习俗的变化。由于改革开放以来农村经济的发展，20世纪80年代以来，中国农村的饮食习俗发生了不小的变化。

国家统计局1981年提供的对10 282户农村家庭的调查资料显示，农村家庭在农村改革刚刚起步的1979年人均消费主食5 514元，人均消费副食2 719元；副食的增幅大于主食。总的趋势是主食的消费减少，副食的消费增加。这种趋势一直持续下来。到20世纪80年代末，据统计，南北方农村大多数已基本实现了以细粮为主食，玉米、红薯等粗粮的消费量已很小。在一些经济发达地区的农村，这些粗粮甚至已成为饲料用粮。肉类的消费从偏重于白肉转为偏重于红肉。肉类、家禽、蛋类等副食品的消费从节日消费型转为经常消费型（当然还不是日常消费型），消费量进一步增长。蔬菜的消费也有变化。如山东农村一带，过去冬天除了萝卜、白菜，就是以盐腌咸菜下饭。到20世纪80年代末，由于大棚蔬菜的推广，农村开始同城市一样，冬天也可以吃到各种新鲜蔬菜。咸菜虽然还没有退出农民的饭桌，但消费量已明显减少。以上这些变化，在一定程度上反映了20世纪80年代农民生活水平的提高。

（三）居住习俗的变化

首先表现为居住条件的改善。由于农村经济发展带来的农民收入的增加，20世纪80年代以来，在中国农村形成了一股翻盖新房的热潮。在房屋的用料上，原来是以土坯、木料为主，20世纪80年代的新盖房屋则开始以砖瓦、水泥为主要原料。在住房的样式上，一改原来的传统模式，呈现出多样化的特点。在北方农村，新盖房多为脊顶的平房，20世纪80年代中期开始时兴平顶的平房，并开始有部分富裕农民盖起了二到三层的楼房，而且除考虑实用外也开始注重美观。南方农村的新盖房屋则以楼房居多，但房顶大多仍采用传统样式（这与南方多雨有一定关系）。在居住模式上，在改革开放以前，虽然农村家庭小型化的趋势一直在持续，但由于住房条件的限制，“农村的分家居住多数只是在原住居内划分若干小的单位”。到20世纪80年代，农村盖起新房后，一般多是老人仍住原来的旧房，而青壮年一辈住新房。老房多在村落中间，新房则多在村落边缘的交通方便地带。这种趋势一直持续至今，给农村的村落规划和家庭关系带来一定影响。其一，由于新建房屋多在村落边缘的交通方便处，尚可以统一规划，而村落中心原来随意修建、布局杂乱的旧房仍然保存，这种农村村落的“中空”现象，给农村今天的城镇化带来问题。在今天，许多农村地区的规划建设中，旧房拆迁是一个令村干部头痛的难题。这一难题的肇始，应该说就是20世纪80年代乡村的无规划建设。其二，它虽然给农村核心家庭趋势的发展提供了条件，但是由于家庭承包责任制的实行，农村家庭的生产职能在一定程度上有所恢复。1987年全国1%人口抽样调查资料显示，全国家庭户平均人数为4 173人，在农村则以5人以上的大家庭居多。家庭作为一个生产单位的存在，使“三代直系家庭比一对夫妇和未婚子女组成的核心家庭优越”。这种家庭模式，实际上既不同于传统的大家庭模式，也不同于标准的核心家庭模式。因为在这种家庭模式下，农村的老少两辈多数分开居住，但在生产、抚育后代等方面又仍然联系密切，将其称为边缘状态的核心家庭或向核心家庭的过渡可能比较合适。其三，它给农村家庭的养老带来一定问题。鉴于经济发展水平等种种条件的限制，中国传统的反哺式家庭养老模式在农村一直没有多大变化。直至今天，家庭养老仍是也必须是“中国养老模式的基石”。但农村这种老少分居的居住模式给农村的养老带来了不少问题。无论就这一点还是就中国人传统的家庭情结来说，核心家庭模式未必是中国农村最理想的家庭模式。

（四）出行习俗的变化

在改革开放以前，农村传统的交通工具如人力车、畜拉车等仍是农民短途出行常用的交通工具。在20世纪80年代，自行车、三轮车、拖拉机等成为农民短途出行常用的交通工具，尤其是自行车的数量在当时的中国农村有很大增长。1978年，中国农村每百户家庭拥有自行车30.17辆；1985年急增到80.16辆；到80年代末，中国农村家庭基本上达到了每户至少拥有一辆自行车。而长途交通工具，如汽车、火车、轮船甚至飞机等现代交通工具，随着农村经济的发展，已不是城市人的专利。农民的出行观念在20世纪80年代也有变化。在此之前，农民的短途出行多为走亲访友、逛集市，不是万不得已一般很少做长途出行。到20世纪80年代，这种情况发生了很大的变化，外出打工、经商甚至旅游、出国等都成为农民的出行目的。反过来，这些出行又给出行者本人和当地农民带来了生活和观念上的许多变化，成为农村社会风俗在各方面进一步变迁的驱动力。

二、我国乡村礼仪习俗和民间信仰的变迁

从20世纪初至21世纪初，中国走过了不平凡的历程。这一百多年里，人们的社会生活礼仪习俗、民间信仰发生了极大的变化。改革开放以后，由于与世界的联系愈加紧密，我国逐渐又跟上国际的潮流。这些变化就在人们身边，并不断被我们感受着。

（一）礼仪习俗的变化

在交往习俗上，一方面，以血缘和邻里关系为纽带的传统交往习俗继续存在；另一方面，交往的范围在地理空间和社会空间上都有所扩大。在地理空间上，有的跨县出省甚至出国；在社会空间上，开始打破同一社会地位、经济水平之间的交往界限，如与外资或全民联营、与科研或高校挂钩等。新的交往方式如电话、展销会等在一些经济发达地区的农村也开始占有一席之地。交往纽带在注重血缘和邻里关系的基础上开始注重多种社会媒介关系，如朋友、同学、同行等。在称谓方面也有变化，如以前农村对父母的称谓各地就不一样，对父亲有“爹”“爷”“大”等称谓，对母亲则有“娘”“妈姆”等称谓。这些称谓都具有地方特色；在20世纪80年代逐渐统一为称父亲“爸爸”，称母亲“妈妈”。对于其他交往上所用的称谓，农村基本上仍取传统的家族、亲属称谓。正式的“同志”或官职称谓在村民之间很少用。“老板”“小姐”等新称谓在当时的农村多带有一种戏谑的色彩。这或许一直是乡村礼仪的本色。在婚丧礼仪方面，对于农村的传统婚嫁风俗，就汉族来说，主要分为聘媒求婚、送礼订婚和娶亲出嫁3个方面。到20世纪80年代，在一些文化发达、交通便利、受城市直接影响的农村，自由婚恋已成为婚嫁中的主流。20世纪80年代也是移风易俗搞得较好的时期。许多农村的年轻人简化烦琐的传统结婚礼仪，响

应政府的倡议，实行婚事新办，给当时的中国农村带来了一种新气象。不过，送礼、迎亲、婚宴、闹房等传统风俗在大多数农村还是继续存在，这些具有传统特色的礼仪倒也无可非议。关键是一些带有封建迷信色彩的婚嫁礼仪在农村不少地区有所回升，尤其是婚姻消费上大操大办、铺张浪费的现象，在 20 世纪 80 年代初期开始出现，并不断发展，至今未绝。这一方面是农村经济发展、农民富起来的表现，另一方面也是在婚姻消费上的一种错误观念的反映。

农村传统的丧葬礼俗也比较繁杂，主要包括报丧、设灵堂、斋事和出殡入葬。新中国成立后，特别是 20 世纪 60 年代以后，大部分农村的丧葬礼俗发生了很大的变化，“看风水”“设道场”基本上不再存在，一些靠近城市的乡镇开始实行火葬。在 20 世纪 80 年代，政府继续提倡移风易俗。1981 年 12 月，民政部提出进行殡葬改革，大力提倡节俭办丧事和进行火葬，使农村的丧葬礼俗发生了一定变化。农村就基本上实现了死者火葬。但与此同时，一些传统的丧葬礼俗却开始重现。以北方农村为例，死者葬礼期间要请乐。过去是唢呐等传统乐器，20 世纪 80 年代的变化是加上了录音机和麦克风。过去给死者扎纸牛、纸马等陪葬，20 世纪 80 年代的变化是加上了各种家用电器。国家提倡火葬的目的之一是节约耕地。在北方农村，死者火葬后仍要入棺下葬，根本就达不到节约耕地的目的。在南方农村，由于山地较多，火葬政策直至今天仍未普遍推行。以上情况说明，中国农村丧葬礼俗方面的改革，确实存在一定困难。

（二）民间信仰的变化

民间信仰是一个正宗宗教信仰和俗化的宗教信仰的杂糅。我国从 1949 年开始，一方面，提倡宗教信仰自由；另一方面，大力宣传破除封建迷信。尽管新时期以前，在实践上，这两方面都曾经失之偏颇，但它们在理论上的合理性是应该肯定的，因此这些政策在 20 世纪 80 年代得以继续。最可肯定的一点是此期政府开始切实注意划清宗教信仰和政治问题的界限，关于宗信仰的政策逐渐褪去了“阶级斗争”化的色彩。这就为20世纪80年代民间信仰的回潮提供了可能的氛围。在中国农村，活动较多的主要是佛教和基督教。在南方农村，信佛的人较多，较大的村庄几乎都有佛堂，而这些佛堂的修缮大多是在20世纪80年代中后期开始的。南方各地大量的寺庙留存、保护与修缮，确非北方可比。在北方农村，主要是俗化的宗教信仰开始恢复，如春节祭灶、请财神、重修土地庙等。北方农村还出现了一个新现象，就是信仰基督教的越来越多。总的来看，南、北方农村民间信仰的开始回潮都发生在20世纪80年代。虽然这一时期的信仰活动在逐步公开化，但新中国成立以前那种有组织的集体祭祀活动基本上没有，多是进行一些个体（主要以个人或家庭为单位）的、非制度化的信仰活动。由于农村社会的日益多元化，民间信仰的恢复空间是有限的，不会成为农村社会信仰的主导力量。关于农村民间信仰回潮的原因，除了政府合理的政策调适外，改革开放后的经济发展也提供了一定的物质基础。从更深层次上说，新中国成立初期的民间信仰改造主要触及物质和制度层面，而对观念层面的改造则失于肤浅。因此，20世纪80年代农村民间信仰的回潮应该说只是从人为控制重新恢复到正常变迁的轨道，并非仅是简单指责的对象。就民间信仰本身而言，其内容和作用也不能简单否定；剔除民间信仰中的迷信因素，也并非单独的人为力量所能为。新中国成立初期的民间信仰改造的结局已证明了这一点。

三、新时期乡村习俗变化的主要特点

在新的时期，乡村习俗发生了历史性的巨大变迁，表现出了时代性、多元化与复杂性等鲜明特点。张国民在《新时期农村习俗变迁浅议》中，概括为以下几个方面。

时代的进步性与创新性。乡村习俗变化的主要特点首先表现在村民思想观念的进步性。无论是对党的农村方针政策的思想认识上，还是看问题的思维方式上，基本上使用现代的眼光与标准看待事物。其次是行为方式的时兴性。尤其是礼节性、交往性、表演性、展示性的新习俗在内容与形式上，都注入了时代的元素。在消费习惯上也发生了变化，即在服饰、饮食、居住和出行 4 个方面反映出了时代的特点。再次是适应农村的创新性。在农村出现许多新的现象，如节日里父母随子女进城过节或外出旅游等。这都是村民根据时代创新的新习俗。

鲜明的丰富性与多样性。乡村习俗已不是单一的乡土文化，而是趋向多元化，呈现出了内容的丰富性与形式的多样性。乡村文化与城市文化交融。乡下人有乡下人的规矩，乡土气息浓厚，但在新时期，乡下人往往更倾向于跟着城里人走，同时城市文化通过各种渠道带到了农村。这样就使农村人的生活习惯、行为方式、礼仪往来、婚嫁仪式等发生了很大的变迁，有些方面与城市人趋向一致。在千百年的历史发展中，形成了一些较为固定的习俗习惯。有许多还相传至今，如春节的贴春联、贴窗花和倒贴“福”字、贴年画、守岁、放爆竹、拜年等，但在这些传统的节日里，无论是内容还是形式都已融入了现代的清新时尚文化。乡村习俗“五里不同风，十里不同俗”，具有鲜明的地方特色与淳朴的自然风格。

复杂的冲突性与转变性。乡村习俗形成历史的悠久性与形成环境的地域性，具有浓厚乡村色彩的独特性。而具有悠久传统的乡村习俗，总体随时代而发展，呈现着文明与进步，但这样原生态的习俗中，往往带有一定的陋习甚至是恶习，造成了很大的铺张浪费。乡村习俗具有浓厚的乡村历史文化根基。在新时期，一方面，出现了移风易俗、新事新办的可喜进步；另一方面，出现了复古的现象。民风淳朴、淡化功利一直是乡村习俗的亮点与特点，但在新时期，原本为非功利性的乡村习俗中增加了很多的功利性。如婚嫁殡葬等事宜，原本为邻居相互帮忙，而演变为雇佣服务关系（专业服务队来完成）。农忙季节或修改房屋，原本也是邻居相互帮助，而现在演变为打工。这样使相互帮助的关系转变为雇佣关系，情义关系转变为利益关系。

第三节　乡村习俗的继承与发扬

乡村习俗原本属于农耕文化，它具有极大的包容性、开放性、融合性，它能够对各种文化兼容并蓄而保持自身独有的特色。乡村习俗作为文化现象，是农村社会存在、经济基础以及经济关系的反映。乡村文化的衰落已经成为当前农村人的普遍问题。继承乡村传统文化就应该找到传统文化的根，从而打造农村精神家园。

一、寻找乡村传统文化的根

乡村传统文化的根即具有浓郁气息的乡村传统文化。既有传统的以民间节日、宗教仪式、戏曲为中心的地方文化生活，也包括曾经相当活跃的、与集体生产相伴随的农村公共生活形式，更有农村日常生活形态和农村独到的文化精神内涵。这是农村人曾经的精神支柱，是心灵家园。而如今，这些乡村传统文化在慢慢流失。对于年轻一代农村人来说，乡村传统文化的缺失，让其无法对乡村文化产生亲和力、归依感。他们生命存在的根基就极易发生动摇，成了在文化精神上无根的存在。对于农村来说，生态环境的恶化、家庭邻里关系的淡漠和紧张、社会安全感的丧失，使乡村生活已逐渐失去了自己独到的文化精神内涵。农村人已经深入社会的每一个角落。如果这个群体的文化以及精神发生了偏差，整个社会也会发生文化以及精神偏差。因此，一方面，要以继承和发扬传统文化为契机，重塑乡村文化。政府要带头弘扬和保护乡村传统文化，传统的节日要发扬光大。尤其是在解决留守家庭子女和老人问题时，要给予他们更多的关照。唤起村民对传统风俗文化的记忆，丰富村民的业余生活，拉近村民之间的亲密关系，营造良好的乡间伦理氛围，找回朴实的幸存文化。另一方面，要以改善和发展乡村教育为抓手，沉淀乡村文化。基层政府要加强乡村的基础教育，加大对乡村教育的扶持力度，提升乡村教育水平。各级政府还要采取切实行动解决农民工子女求学问题，最大限度地消除不公平待遇。要加强乡村的公民教育，促进道德修养和文明意识的提高，帮助农村人摆脱“被利益化”的意识形态而重回和睦淳朴的乡村文化生活。只有真正让农村人找到失根缘由，寻找到属于自己的传统文化之根，才能不断发扬乡村传统文化，重塑农村精神家园。

二、与时俱进，促进文化的现代化

在不同历史阶段上的民俗也会共存，其中既有繁华的都市民俗，也有古朴的乡村民俗，还有部分地区不同程度地保持着原始的民俗生活形态。很多民俗反映了百姓送走往日穷苦、迎接美好新生活的传统心理，其本身的出发点无疑是好的，但是在不同的时间、不同的地点，其产生的影响是完全不同的，因此这也需要在解读民俗的时候，应该与时俱进。现时代，乡村习俗已不是封闭的体系，而是在现代文明的影响下注入了现代的元素，尤其是现代文化的传播几乎没有了国界与城乡的壁垒。在这样的时代背景与村民心理的相互作用下，都市文化不断地传人农村，使乡村习俗由传统型向现代型转变。农村改革的深化，带动了乡村习俗的巨大转变。农民富裕了，他们有能力提高自身与家庭的文化素养了，其思想观念、思维方式以及行为方式变了。这一切都带动了乡村习俗的变迁。总的来看，经济越发展，农民越富裕，乡村习俗的变迁就越大。在改革开放的伟大进程中，广大的乡村民众受到党在农村的宣传教育以及各个方面的影响，思想观念逐渐发生了深刻的转化，乡村习俗也随之发生了变化。村民消费观念的转变、婚姻家庭观念的转变以及开放意识与商品交换意识的确立，使乡村习俗呈现出了新思想、新理念与新文化。由于自然环境与人文环境的差别，民俗常常会呈现出错综复杂的特点。要想全面而准确地把握一般民俗所具有的全部特征，事实上是很难的。现在，许多人对于民俗是“想爱又不知如何去爱”。只有让那些精致的乡风文化传承和保留，并有选择性地继承，才能使得我们的生活更加丰富多彩。

三、对乡村习俗积极引导

正确引导乡村的乡风文化和民间艺术，剔除那些风俗、仪式、艺术样式中不健康的东西，把蕴含新内容、健康、美好的文化信息注入其中。只有对具有新内容、健康、美好的文化信息和文化生活方式进行继承和发扬，培养农村文艺人才，兴建基础文化设施，成立演出队伍，举办农民自己参与其中的文艺活动，才能最终使文化细水长流、生根发芽、开花结果。

加强对乡村新习俗的引导，最根本的在于加强党对农村工作的领导。要想让先进健康的文化在乡村扎根，除了要加强组织引导，调动国家、集体、个人及各方面的积极性，更应该大力培养乡村文化骨干，加强对乡村文化市场的培育和管理，加大清除“文化垃圾”的力度，开展“以文养文”，多渠道增加文化投入，鼓励、激发乡村本土文化的自力更生和发展繁荣。在教育农民、促进农业发展的重要方面，必须在农村加强党的领导，加强党对乡村文化的领导，使乡村习俗沿着文明健康的社会主义方向发展。这就要把乡村文化的发展与习俗变迁纳入党的重要议程之中，规划乡村文化的发展目标，引领乡村习俗的变迁趋向。首先是要尊重乡村社会的特点，区别对待乡村习俗的不同作用与影响，但对于关系到村风民俗发展的方向性问题，要始终把握之、引导之。实践证明，新中国成立以来，尤其是改革开放以来，乡村习俗之所以发生了巨大的变化，是与党在农村开展宣传教育工作分不开的。没有教育就没有新习俗的形成。要通过宣传教育，进一步使农民明确党在农村的各项方针政策，特别是建设经济发展、生活富裕、村风文明、村舍整洁、管理民主的新农村的大政方针与各项举措，提高新认识，明确新目标，形成新观念，确立新思想，养成新习惯，建立新关系，使农村优良的传统习俗继续得到弘扬，负面影响逐渐受到消除；使新的乡村习俗逐步地树立起来。

模块十三　形成优良家风

第一节　善良是最美的品德

善良是中华传统美德之一，也是优良的家风之一。善良对孩子的成长有着重要的影响。可以说，人若是不具备善良品质，其人格是不健全的，将来也难有作为。当孩子做出善良的举动时，家长一定要及时表扬孩子。

善良是孩子在成长过程中不可缺失的一种宝贵品质，能让人内心时刻充满温暖和感恩的感觉非善良莫属，一个人要想身心都健康，首先要做到善良。因此，父母要从小培养孩子的善良品格。

夜幕降临，8岁的平平还没有回家，家长看孩子还不回来，真有种心急如焚的感觉。快8点的时候，平平终于回来了。

“你到哪里去了，怎么这么晚才回来，不知道爸爸妈妈担心吗?”妈妈生气地说。

“我本来能早些回来，可是在过马路时遇到一位失明的老人，我扶她过马路。”

还没等平平说完，妈妈非常生气地问道：“扶老人过马路能走到天黑，你是在骗我吧！”

“你先听我说完嘛！我扶老人的时候，听她说她和孩子走散了，找不到回家的路了。后来我得知她家住在铁路小区，紧接着我问她知道家里的联系方式吗，她告诉我家里的电话号码忘记了。最后没办法，我只能把老人送回家。”

妈妈对平平的话还是有些怀疑，于是问道：“那老人为什么偏偏选择你这个小孩子帮忙呢。她怎么不找别人？”

“老人在此之前已经寻求好几个人帮助她，可是没有一个人愿意伸出援手。后来遇到我，我坐公交车把她送回去的。”

就在平平和妈妈解释的时候，突然来电话了，爸爸接听了电话，一阵点头，放下电话后，平平爸爸高兴地对平平妈妈说：“是那位老人女儿打来的电话，她谢谢平平的帮助，还说哪天要登门道谢呢。”

妈妈这才意识到错怪了孩子，于是赶紧向平平表达歉意，并夸奖平平善良的举动。

虽然孩子有时做出善良的举动带有违背父母意愿的性质，甚至孩子的善良举动换来的是别人的不理解和嘲笑，但是父母一定要对孩子善良举动给予肯定和支持，并给予赞赏和表扬，这对孩子的成长起着至关重要的作用。

人之初，性本善。家长们一定要对孩子善良的行为做出积极的评价，给予孩子正面的评价后，无形中会把善良的行为强化；如果孩子的善良行为被家长误解，很可能孩子此后不会再做出善良的举动。因此，对孩子善良的行为给予表扬和肯定，是树立孩子正确的人生观和价值观的有效手段。

孩子身心能否健康成长，这和善良品质有着千丝万缕的联系，在培养孩子的善良品质的同时，更需要父母和孩子一起善良。

某寒冷冬日的下午，正围坐在火炉前烤火的小白一家三口看到了路过的母子俩，小白发现这母子俩衣衫单薄，已经冻得浑身直哆嗦，母子俩看到小白一家在烤火，于是询问是否能进来烤烤火。

6岁的小白很同情他们的境况，不等父母开口，急忙说：“快进来！快进来！”母子俩看大人未表态，犹豫不决。

小白转过身看着父母，父母微笑着对那母子俩说：“赶紧进来烤烤火，都冻成这样了！”母子俩这才进屋烤火，小白赶紧起身把自己的座位让给了那母子俩，随后又进里屋搬了一个凳子给他们坐。

这对母子就在火炉旁边向小白一家说了一下他们的经历：

他们本是来此地投奔亲戚，可没曾想亲戚已经搬到别的地方住了，在打听清楚地址后，正好路过小白家门口，想烤火取暖之后，继续赶路。

母子俩烤了一会儿火，仍瑟瑟发抖。小白对妈妈说："妈妈，您给他们倒两杯茶吧？喝完热茶后，身体肯定会暖和起来。"妈妈答应了小白的请求，一会儿工夫端来了两杯热茶。

看着他们喝完热茶，小白又赶紧跑回自己的房间拿来两件毛衣，准备送给他们，他又向爸爸妈妈请示道："我可以把这两件毛衣送给他们吗？"深感意外的父母还是很高兴地同意了小白的请求。

这是一个多么善良的孩子啊！更值得一提的是，他有明智的父母！有时候，和孩子共同弘扬善举，是对孩子善良行为的最大支持与肯定。

对于如何培养孩子的善良之心，家长可以试着从以下几个方面做起。

第一，给孩子提供互助、友爱的家庭氛围。家庭氛围对孩子影响是巨大的，父母的言行举止对孩子的影响是潜移默化的，将这两者合理的结合有利于培养孩子善良的品质。大多数情况下，父母做出怎样的言行举止，久而久之也会培养出孩子一样的行为。若想让孩子懂得善良的真谛，首先要为孩子营造出一个互帮互助的家庭氛围来。

第二，对孩子善良的行为及时肯定。年幼的孩子往往会做出比大人更多的善举。每当这时，家长一定要对孩子的这种行为给予肯定和鼓励，而不是因为孩子违背了父母的意愿而否定孩子的这种善举。否则，就会给孩子造成做好事是错误的错觉，如果否定了，孩子也可能因此而变得自私自利，这极大阻碍了孩子心理的健康发展。

第三，让孩子学会设身处地为别人着想。只有设身处地站在别人的立场上去想问题，才会理解别人的言行，才会明白别人的感受，才会做出更多正确的选择。大多数孩子喜欢跟风，喜欢和别的孩子欺负弱小甚至是身有残疾的孩子，因此，家长一定要制止这种行为，并教育孩子站在别人的角度想问题，让孩子体会到别人的感受，从而做出善良的举动。

第二节　善孝为先

中华民族有两大基本家风传承行为准则，一个是忠，一个是孝。一直以来，中国人就把忠孝视为天性，甚至将其作为区别人与其他动物的重要标志。忠孝虽然是圣人提出来的，但不是圣人想出来的。

“父母俱存，兄弟无故，一乐也。”这是孟子的原话。这讲的就是孝道。孝，指的是事亲与守身。事亲方面，孟子举了舜与曾子的例子。

曾子是个有名的孝子，他的孝顺不但体现在从物质上关心父亲，而且他对父亲还有一种恭敬心，并以此来侍奉父亲。这就是我们常说的“养志”。舜的家庭也很特别，舜的父母和弟弟多次加害于他，但舜却始终不记仇，舜五十而慕父母，对弟弟更是照顾有加。可见曾子和舜都是十分善良之人，这其实是由他们的本性决定的，这可以作为“性善”论的一个重要佐证。但是，“义在外”的现实同时存在着，所以在人的一生中，更多的是需要在相信“人性本善”的同时加以日常生活的培养，这就是所谓的“守身”，换种说法就是“修身”。修身就是让人领悟到“仰不愧于天，俯不怍于人”的坦荡胸怀。

在课堂上老师给学生们看了这样的一幅漫画，画的内容是一家人正围坐在餐桌前为年近六旬的姥姥举办生日宴会。餐桌上摆满了美味佳肴，大家也都吃得很热闹，唯独不见姥姥的身影。只见在厨房忙得满头大汗的姥姥被小外孙指着，大声叫道：“姥姥，该您吹蜡烛了。”

很简单的一幅画，然而意味却无穷。虽说是为姥姥举办的生日宴会，实则是让老人无偿地为小辈们付出！看到这里，你也许会禁不住要问：“中华民族五千年文明的孝道哪里去了？”

众所周知，中国人是十分讲究孝道的。不论是长者还是小孩，都遵循着“孝”。古时候的“孝”又被称作“顺”，“孝”和“顺”永远是连在一块的，最后终于合二为一成了一个专有词。在古人看来，父亲是一家之主，儿女必须听从父亲的教诲，不论对错都要服从，这也是孝的一种体现。

在现代社会中，“孝”的含义应该有进一步的丰富和改变，从一味顺从，深化到了求大同存小异，而且不但要从物质上尽孝，更要从精神上尽孝，多关注长者的心灵需要。我们经常会发现这样一种情况；周末的时候，儿女们都聚到了老人家里，对老人嘘寒问暖，给老人带去一些保健品，陪老人聊聊天，孙子们也向老人汇报自己的学习成绩，或是用跳舞唱歌等表演逗老人开心，这其实是新时代孝道的一种体现。

社会总是在不断地进步，孝的含义也变得丰富起来，从古时候的一味顺从发展为今天的从物质和精神方面尽孝，这些都体现了我们中国人对“孝”的重视。

讲“孝道”是我们中国人最突出的美德之一，同时，“孝”更是一种美好的人格修养。试想，如果一个人连生他养他的父母都不去孝敬，那还能指望他做出什么对国家和人民有利的事情呢？

曾经看过这样一则感人的故事。

儿子回乡办完父亲的丧事之后，要求母亲跟他一起住到城里去，可母亲却不肯离开清静的农村老家，说是过不惯城市里边的生活。于是儿子也没再勉强母亲，并且说好以后每月都给母亲寄300块钱生活费。因为村子太过偏僻的原因，镇上的邮递员一个月才来一两次，近年来，随着村里外出打工的人多了，邮递员每次出现在村子里的日子便成了留守老人们共同的节日。邮递员每次一进村就会被一群中老年妇女团团围住，这些妇女们无非是想问问邮递员有没有自家的邮件或是书信，然后又三三两两地聚在一起分享自己和他人的喜悦。这天，这位老母亲收到了一张汇款单，她脸上洋溢着难以掩饰的喜悦，逢人便说是自己儿子寄来的。就这样，这张 3 600 元的汇款单在大妈大婶们手里传来传去，每个人都觉得这孩子很孝顺，大家很羡慕这位老母亲。

几个月过去了，儿子收到了母亲的来信，信上只写了短短的几句，说他不应该把一年的生活费一次性给寄回来，明年寄钱一定得按月寄，一个月寄一次。很快一年就过去了，儿子由于工作太忙，回老家看望母亲的想法难以实现，本想按照母亲的嘱咐每个月寄给她一次生活费，可又怕自己太忙而忘了误事，于是他到邮局后还是一次性给母亲寄去了 3 600 元。几天过后，儿子收到了一张母亲寄来的 3 300 元的汇款单。

儿子无法理解母亲为什么要把寄给她的钱寄回来，正在百思不得其解之际收到了母亲的来信，母亲再次在信中叮嘱说，要寄就一个月一个月地寄，不然的话她一分也不要，反正自己的钱也够花的。儿子难以理解母亲的做法，但他还是按母亲的叮嘱做了。后来，他偶遇一位进城务工的老乡，他便向这位老乡打听起了母亲的近况。老乡告诉他，你母亲虽然是独自一人生活，但她的生活很快乐，尤其是每次邮递员来的时候，你母亲就像是过节一样。她每回收到你的汇款都要高兴好几天呢。

儿子听着听着，不觉已满脸泪水，他这时候才明白，母亲固执地要他每个月给她寄一次钱，就是为了一年能享受 12 次快乐。母亲的心其实根本不在钱上，而是全部在儿子身上。

其实，尽孝绝不仅仅在于形式，也不是说一定要给父母多少钱，空巢老人缺的绝不仅仅是钱，他们真正希望的是儿女们对他们多一点关心。

天下英才何其多，不能以孟子那个时候的天下为天下。这个天下，已经突破了时间和空间的限制，并且与孟子所说的“尚友古人”的意思是相吻合的。因此，不管是什么时候，天下英才可以说是“性善”的追求者。

性善论是孟子“仁政”学说的基础，也是他教育理论的重要根据。在孟子看来，人性是与生俱来的，人生来就有为善的倾向，即所谓的“善端”。这些“善端”是与生俱来的，是每个人心中所固有的，因此又被称为“良知”。

孟子认为人虽然天生具有仁、义、礼、智的“善端”，但还是离不开后天的教育，从而加强道德修养，不断地去扩充和发展这些“善端”，从而不断完善自己。孟子认为，人们只要坚持去寻找心中的“善端”，就会因为对人性的了解而达到对天命的认识。

经典启蒙读物《弟子规》里这样写道：“父母呼，应勿缓；父母命，行勿懒；父母教，须敬听；父母责，须顺承。冬则温，夏则清，晨则省，昏则定。出必告，反必面。”这些都是中国古代教育孩子优良的家风，这些都是说的子女的行为准则，也可以说是做子女的应尽的职责和义务。唐代的时候，法典里边就规定人子有赡养老人的义务。因此我们不难发现，华夏文明的重中之重就是“孝道”，其核心就是以亲子情为主的人际情感关系。而如今，这样的以孝为先的家风正在缺失，一切为了孩子的“家风”盛行。但想象一下，一个连孝顺老人都做不到的孩子，他的孩子又会继承他怎样的家风呢？因此，百善孝为先的优良家风传统，应该继续传承和发展，只有让孩子明白了孝的真正内涵，才能让孝的良好家风永久传承。

第三节　让尊老爱幼的优良品德代代传承

尊老爱幼，一直是中华民族大力提倡并传承的文化传统，也是家风传承之首。早在两千多年前的春秋时期，孔子就曾在《论语》中说：“弟子入则孝，出则弟，谨而信，泛爱众，而亲仁。”就是说，做人首先要能够做到在家事亲以孝，出门要尊敬师长，做到长幼有序，多亲近有仁德之人，提高自己的道德观念和道德行为。可见，孔子非常重视向学生灌输尊老爱幼的教育。另一位儒家大人物孟子也曾说过：“老吾老以及人之老，幼吾幼以及人之幼。”其意思是说：“尊敬自己的长辈，并要以同样的态度对待其他的长辈；爱护自己的孩子，并以同样的态度爱护他人的孩子。”尊老爱幼，包括家庭内和家庭外。在家庭内，指的是要赡养双亲，要照料父母的生活，关注他们的想法，在起居住行上照顾老人，尽人子之责。在家庭外，指尊敬年长之人，爱护年幼之人。

我国古代孝敬父母的例子举不胜举，孝子黄香的故事就被代代传颂。古时候，有个孩子叫作黄香，九岁丧母，母亲去世以后，他对父亲非常孝敬。每至夏夜临睡前，小黄香就坐在父亲的床上把蚊子驱走，挂上蚊帐，再用扇子把席子扇凉；而每当冬夜，他就先睡进父亲的被窝，先用自己的体温为父亲暖好被窝，再请父亲睡下。

如今，我国的人口结构发生了很大的变化，老龄化速度迅速加快，老龄人口也飞速增多，家中的老年人在生活上越来越困难。很多家庭都是只注重孩子，万事以孩子为核心，却忽略了对父母的关照，让他们落了个凄凉晚年，有很多孩子也并不懂得孝顺自己的爷爷奶奶、姥姥姥爷，有时候还会嫌他们麻烦、啰唆，这都是亟须改正的。父母培养孩子尊老爱幼的良好习惯，可以从以下几个方面入手。

第一，父母要起到模范表率作用。俗话说“上梁不正下梁歪”，父母要培养孩子尊老爱幼的良好习惯，就要先从自身做起，做一个敬老爱幼的领头人。孩子心理尚不健全，认识判断能力较弱，他们往往以父母的言行作为标杆，觉得父母做的就是对的，父母怎样做，他便怎样学。

阳阳和妈妈一起上街，恰巧碰到了妈妈的同事李叔叔，阳阳不仅不和李叔叔打招呼，甚至看都不看他一眼，对于李叔叔的热情也是冷漠相待，非常没有礼貌。回家之后，妈妈把阳阳叫到身边，严厉地训斥道：“阳阳，妈妈发现你对李叔叔特别没有礼貌。妈妈告诉过你多少次了，对人要有礼貌，你就是当耳边风！”

阳阳不仅没有听，反而顶嘴道：“这事不能怪我，虽然你总叫我要学会尊老爱幼，可是，你从来就没有尊重过我奶奶！我都记得!”听到阳阳的一番话，妈妈的脸一下子就红到了脖子根。

“己不正，何以正人。”要想让孩子尊老爱幼，家长就要先从自身做起，为孩子树立一个好榜样，让他在不知不觉中养成良好的习惯。

第二，及时纠正孩子的不良行为。如今大部分的孩子是家庭生活的中心，他们爱冲动，情绪波动大，爱支使人，倘若不顺心，便会大发脾气，常常会做出对老人无理的举动，冲撞老人，如对老人发脾气、摔东西、不理睬等。家长如若发现孩子身上存在类似问题，一定要进行严格管教，让孩子认识到自己的错误，对孩子一味容忍或是一笑了之，只能让孩子的恶习日益膨胀，最终养成不良习惯。

张杨是家里的独生子，衣来伸手，饭来张口，每次吃饭之前，还不等饭菜上齐就狼吞虎咽地吃起来，吃上一会儿，杯盘狼藉，吃完饭后，碗筷一扔，就去看电视了。爷爷奶奶久居乡下，这次进城来看孙子，看到这种情况，觉得这样惯下去不是办法，就说了张杨两句，谁知道张杨反唇相讥:“这是我家，你们管不着，土老帽儿!”爷爷奶奶大为惊愕，没想到孩子会这样对待他们，孩子的父母听到之后，赶紧向老人赔了不是，说自己平时疏于管教，并严厉地教训了孩子，让孩子向老人承认了错误。从那以后，张杨的爸妈再也没有放松对张杨道德方面的教育，现在，他已经是一个懂事的好孩子了，深得爷爷奶奶的喜欢和疼爱。

第三，让彼此的尊重和关怀深入到生活细节中，成为一种生活习惯。家长要让孩子在生活中时时刻刻体现出关爱来，让关爱的气氛在家庭中日渐浓郁。例如，爸爸下班回来了，妈妈可以告诉孩子:“爸爸累了一天了，宝贝是不是该给爸爸倒杯茶?”或是奶奶年纪大走路不方便，家长可以提醒孩子去搀扶下奶奶，并对其行为做出鼓励。久而久之，孩子就能够逐渐地养成尊老爱幼的品质，这对孩子今后的生活是非常有益的。因为每个人都生活在社会这个大团体中，谁也不能脱离他人而存在，不管在何时何地，都要学会关爱他人，尊老爱幼，这是一个人素养的体现，也会在无形中构成在他人头脑中的印象，这对孩子今后的事业和人生都会产生很大的影响。

不论社会发展到什么程度，尊老爱幼的传统是必须发扬下去的。尊老爱幼是整个人类社会进步的体现，是构建和谐社会的必要条件，同时也是一个人成长发展的必要条件。在日渐功利化、浮躁化的当代社会，更是如此。

第四节　诚信是立身之本

良好的家风最重要的展现之一就是孩子是否讲诚信，是否是一个有诚信的人。家长都希望自己的孩子能养成讲诚信的品格，孩子撒谎是家长最不愿意看到的事情。但是，爱撒谎的孩子却仍然很多，很多家长面对孩子的这种情况时表现得手足无措。其实孩子并不是天生就有这种坏习惯的，而是受后天环境影响所致。

文文对正在洗衣服的妈妈大声说："妈妈，咱们家水表坏了，不走针了！"

妈妈赶紧掐了文文一把，并小声叮嘱道："小点声，别让别人听着了。"

这时，传来了"咚咚咚"的敲门声，文文开门一看，原来是查水表的工作人员来了。

"叔叔，我正想去找你呢，我们家水表坏了，想让您帮着修修!"

"小孩子就会乱讲话！"妈妈边说边瞪了文文一眼，随后她打开水龙头，指着水表对查水表的工作人员说："您看这不是好好的嘛，一切正常。"

文文对此深感疑惑。

后来有一次，文文不小心把妈妈从国外带回来的茶杯打碎了。妈妈看到了，非常生气。文文因为害怕于是撒谎说："这不是我干的，是小猫上了桌子碰掉的。”

还没等文文说完，妈妈一巴掌就打了过来：“这就学会撒谎了，我让你撒谎！”

文文的眼里充满了疑惑，眼泪也随之而来。

文文的妈妈一方面要求自己的孩子诚实，希望孩子不要对自己撒谎，但是她又在孩子面前撒谎，甚至“教唆”孩子去欺骗别人、隐瞒真相。妈妈这样的行为对孩子的是非观产生了很大的影响，做人原则也随之改变，最终导致孩子养成了撒谎的习惯。

父母要知道，培养孩子养成良好的品格要比考出好成绩还重要，没有诚信，在交际上会失去朋友，在社会上会失去发展机会。人生中最好的通行证就是诚信。

那么父母应该如何培养孩子的诚信呢？

第一，父母要给孩子做好诚信好榜样。父母是孩子的第一任老师。孩子身上的优点或缺点，与爸爸妈妈有着直接的关系。

小明刚上小学一年级时，有一天在上学的路上看见卖风筝的，便对妈妈提出买风筝的要求，并请妈妈周末带自己放风筝。因为妈妈着急上班，便随口敷衍小明说：“你只要在学校好好学习，妈妈放学接你的时候就买给你。”

放学的时候，小明看见妈妈空着手来接他，失望地对妈妈说：“今天老师在课堂上还表扬我了，妈妈你骗人，你空着手来的！”妈妈不耐烦地回答小明：“我现在没空和你说这事，等周末再说。”

在父母的眼中这只是一件小事，但是它对孩子的成长却有着重要的作用，很多父母在教育孩子要诚信的同时自己却从不讲信用，父母的这种行为会给孩子起到一个负面的作用。用自己诚信的行为去影响孩子，才能培养孩子讲诚信的好习惯。所以，家长们在日常生活中一定要注意自己的言行，答应别人的事情就一定要尽力办到，尤其是在孩子面前。父母若总是言而无信，就会在无形中给孩子带来负面影响，长此以往，孩子就养成了不讲诚信的不良习惯。

第二，要及时纠正孩子的说谎行为。父母一定要坚决杜绝孩子撒谎的行为。孩子的是非观薄弱，很多时候不知道什么是对什么是错，所以，面对孩子的不诚信行为，父母一定要严肃对待，认真处理。父母要对孩子分析撒谎的弊端，引导其认识到错误的严重性，并明确表示不能再有下次。

王飞刚上二年级的时候，一次期中考试结束，他回来了，妈妈问："儿子，这次考试分数出来了吗？"因为这次的成绩很糟糕，王飞不敢和妈妈说实话，只好说："还不知道成绩呢。"从王飞犹豫的眼神中，妈妈感到他可能在说谎。因为妈妈在考试之前教导孩子少玩会，把精力多放在学习上点，争取考个好成绩，可能出于怕妈妈责备的原因，王飞没敢说出成绩。妈妈又对王飞说："即便没考好也没关系嘛，但撒谎就不对了。"但他仍坚持说成绩不知道。妈妈看孩子这么坚定，也就没再多问。

可当王飞冲完澡，妈妈在帮他洗衣裤时，发现他裤兜里放着这次期中考试的试卷，成绩只有 78 分。当时妈妈就忍不住了，叫来王飞质问道："你为什么要撒说？"并告诉王飞撒谎是错误的，既然犯错了就要受到应有的惩罚，妈妈让王飞认识到犯错就要勇于承认，不管是有心还是无心。

第三，肯定孩子的诚信行为。孩子表现出诚信的一面时，家长一定要在第一时间给予肯定和支持，让这种积极的行为得到延续和强化。

星期天，小洪的妈妈想带他去公园玩，可是被小洪拒绝了。"你不是早就想让我带你去公园玩的吗？"妈妈为此感到十分意外，"今天我有时间领你去公园，你又不去了，真是奇怪了！"尽管妈妈的话带着生气的意味，但小洪还是坚持了自己的决定。

原来，小洪昨天已经和其他小朋友约好今天来家里玩。虽然他很想跟着妈妈去公园，但是他不能对小朋友爽约。

"我约了朋友，"小洪说，"我不能说话不算数。"听了小洪的解释，妈妈冲小洪竖起了大拇指。

对于孩子这样的行为，家长一定要予以表扬。积极的回应有利于孩子诚信品格的强化，使诚信常伴孩子左右。

第四，让孩子的合理需要得到满足。孩子撒谎的绝大多数原因可能是出于某种需要，这种需要有精神层面上的，也有物质层面上的，为了满足需要，孩子肯定会想办法，如果家长对孩子合理的需求忽略的话，孩子就很可能会以不讲诚信的方式满足自己的需求。

一次，飞飞为了得到一个漂亮的书包，对妈妈说："妈妈，你给我买个漂亮的书包吧，我们班上的同学每个人都有漂亮的书包，就只有我没有了！"而事实上，并不是每一个同学都有漂亮的书包，飞飞只是为了满足自己的虚荣心才这样说的。这时家长应该分析孩子的需求合理与否，如果合理，应该尽量满足孩子的需求。这样，才能避免孩子撒谎行为的出现。

第五，当孩子诚实地承认错误时，应该给予孩子改正的机会。诚实的孩子可能会在某些方面吃亏，甚至是上当受骗，但一定要让孩子将诚实坚持下去，因为撒谎会让孩子走上一条不归路。因此，当孩子犯错并承认自己的错误时，不应对其责备，而是要给予孩子鼓励，鼓励孩子有错就承认的行为，并引导孩子积极改正。

诚实是一个孩子应有的品质，也是父母在培养孩子的过程中不可忽视的一个重要的部分，当孩子有诚实的表现时，不要因为其他原因而责怪孩子的诚实；当孩子主动承认自己的错误时，一定要给予孩子鼓励。

第五节　勤奋是一种美德

中华民族是一个勤劳、善于学习的民族，"耕读传家"曾经就是中国历史上最理想的、具有最高道德品质的家庭生活方式，几乎成了封建社会大门大户的家教门风。这个影响了中国上千年的传统，依然焕发着无穷的魅力。从居家生活，到子孙培养，中国人仍然非常看重勤劳和学习；无论古代还是现代，凡是有成就的人或家庭，无不依靠勤劳和学习。

常言道："一分耕耘，一分收获。"只有付出努力才有可能换来回报，世界上没有天上掉馅饼的好事。无论是什么人，想做成一件事情都要依靠勤奋。勤奋是一个人获得成功的重要品质，是一个人实现自我理想的基石。

勤奋属于与时间赛跑的人，属于脚踏实地的人，属于坚持不懈、永不放弃的人，属于钻研探索、勇于创新的人。因为勤奋，安徒生创作了感动世界的童话故事；因为勤奋，爱迪生创造了一千多种伟大的发明；因为勤奋，震惊世界的相对论才从爱因斯坦的脑袋中应时而生；因为勤奋，才有了"凿壁偷光""隔篱偷学""囊萤积雪"的千古美谈。

一次，一位记者采访诺贝尔物理学奖得主丁肇中教授。

记者问道："美国大学本科要读 4 年，获取博士学位得用 5 到 6 年的时间，但是，您只用了 5 年的时间就取得了博士学位，是吗?"

丁肇中回答："在那样的困境中读书，就得用功。"

记者又问："那您获得诺贝尔奖的秘诀是什么?"

丁肇中说："秘诀只有三个字：勤、智、趣。"

这里的"勤"就是指勤奋。在丁肇中的人生里，成功的第一个要素就是勤奋。从小，丁肇中学习就很用功努力。读大学后，无论在哪里，他都严格要求自己，勤奋读书。正如居里夫人所说："懒惰和愚蠢在一起，勤奋和成功在一起。"丁肇中终日与勤奋"为伍"，那么成功也愿意"接近"他。

事实上，获得举世瞩目的巨大成功的人通常并不是才华横溢的天才人物，而是那些资质平凡却又异常努力、埋头苦干的人。伟大的成就通常是这些平凡的人经过自己的刻苦勤奋获得的。尽管有些人天赋过人，可是他们没有毅力和恒心，没有决心和勇气，他们的才能、灵感只会转瞬即逝。而那些意志坚强、持之以恒的人，尽管智力平平，依然勇于开拓，忘我努力，不断积累，不断进步，获得成功。要知道，任何进步都不是轻而易举就能得来的，任何成功都要付出超于常人数倍的努力。“千里之行，始于足下。”没有播种就没有收获，生活会用丰厚的果实回报那些用心播种的人。

天道酬勤，成功总是掌握在勤勤恳恳的人手中。世界首富比尔·盖茨被问得最多的问题就是：“你成功的原因是什么？”比尔·盖茨的回答非常简短勤奋：“我对自己要求很苛刻。”人们常常嫉妒别人拿着高薪水，做着好工作，他们只会抱怨是自己的运气太差。但是，当你抱怨时，是否想过自己的努力够不够？付出才有回报！胜任的人、富有的人从来不会抱怨，他们总是抓紧时间，付出超人的努力，把握住稍纵即逝的机会。对于任何人来说，成功都是不普通的，然而成就一番事业，需要的是最普通的品质，如意志力、专注力、忍耐力等，这些品质单看上去，很不起眼，可是集合在一起，就会发挥强大的作用，不可小觑。

美国恐怖小说大师斯蒂芬·金是一个非常勤奋的人。每天，太阳还没升起的时候，他就起床开始工作。刚开始创作的那段时间，斯蒂芬·金穷困潦倒，有时，他连电话费都交不起，电话公司因此掐断了他的电话线。

但是，无论日子再苦再难，他每天依然坚持写作，一年几乎不休息，除了自己的生日、圣诞节和美国的独立日，其余的时间，他都伏案创作。斯蒂芬·金区别于别的作家的一点是，别的作家在没有灵感的情况不会强迫自己写作，他们会去做一些别的事情。但斯蒂芬·金即使在没有灵感的情况时，依然坚持每天写 5 000 字。这是他老师告诉他的一个秘密。他一直坚持这么做。这条经验使得他终生受益。斯蒂芬·金说过自己从没有过没有灵感的恐慌，他的秘诀就是勤奋，灵感源于勤奋，成功之门总是向那些格外勤奋的人敞开。

勤奋可以培养独立的精神，锻炼坚韧不拔的品格。勤劳是一笔财富，所有想获得成就的人都要追求它，靠着它赢得尊重、地位和权力。具备了勤奋品质的人，会自强不息，顽强奋斗，这意味着他能够取得的成就必然比别人要多。

任何一个人，都不能满足于获得的成绩，自以为了不起，沾沾自喜。我们需要时刻进行自我反省：我们付出的努力够吗，不够就继续努力。真的达到目标了吗？即使我们实现了目标，但我们做得足够完美吗？我们需要劝告自己：不断努力，不断改进！事实上，很多事情当我们以为“只能这样”时，它却还可以改进，还有上升的空间。只是我们没有去思考、去努力。要使自己不断进步，就需用勤奋做保障。每天对着镜子说几句“我今天够努力吗？”只有像蜜蜂一样努力，才会酿出甜美的蜜来。

成就事业不可不勤奋。勤奋是人类前进的第一动力。近年来不断有新闻报道一些出身贫困的农村孩子，高考时取得优异成绩，被著名大学录取的事情。这些孩子不见得就比城里的孩子聪明，他们的生活条件、学习条件、教学质量，一般说来较之城里的学生会差很多，他们唯一能够超过城里孩子的就是刻苦、努力、勤奋地学习。最终他们考上了大学，实现了自己的梦想，这充分显示出了勤奋的作用。

然而，在我们身边，绝大部分家庭都是独生子女，孩子在家庭中的地位很高，一个个都是“小皇帝”“小公主”。有不少父母对孩子溺爱、迁就、千依百顺，造成孩子目中无人、唯我独尊的心理，形成了自私、任性、依赖和懒惰的性格。但是这些坏的行为、性格不是孩子生来就有的，而是在后天情况下，父母错误的教育和溺爱形成的。孩子的教育需要科学的方法，父母要纠正孩子身上的不良习惯，必须注意培养孩子的勤奋品质。

我们知道，知识的获得需要探索钻研、反复练习、专心致志。而学习的过程需要坚持不懈、勤奋努力，这些优秀的品质不仅影响孩子的成长，还会让孩子一生受益。因此，作为父母，我们一定要注意锻炼孩子勤奋的品质。

培养孩子的勤奋美德，主要从以下几点着手。

第一，培养孩子勤奋的习惯。成功取决于一个人在奋斗的过程中付出了多少努力，有没有毅力和决心坚持完成。孩子的身心没有发育成熟，意志和性格并不完善。为了培养孩子勤奋的习惯，家长一定要用合理的方式引导。培养孩子在学习方面的兴趣和耐心，扩大孩子的知识面，注意适时教育，适量学习，不要过度苛求孩子。孩子毕竟是孩子，一旦超过孩子所能承受的范围，往往会适得其反。

此外，父母的态度一定要平和，怀有平常心，不要急于求成。

第二，肯定孩子的积极行为。任何人都需要欣赏和赞美。父母肯定孩子的勤奋行为，夸奖孩子的进步，孩子就会更加努力地学习。因此，父母要在适当的时机，承认孩子的努力、耐心和勤奋。通过语言表达、身体接触，向孩子传达“我喜欢你的努力”这一信息。对他的言行进行公正的评价。可以把孩子完成的任务和做好的工作记录下来，关注孩子勤奋的程度，鼓励孩子不断进步，完成一个个目标。

第三，培养孩子热爱劳动。勤奋不仅仅体现在学习上，还有劳动。一旦孩子长大成人，进入社会，他的勤奋就表现在工作中。作为父母，要有意识地通过劳动来培养孩子勤奋的习惯。家庭成员，一律平等。孩子是家庭中的一员，与其他成员一样，既可以享受一定的权利，也应该履行一定的义务，因此家长应该教会孩子做一些力所能及的家务，教会他们照顾自己，关心他人，培养他们独立生活的能力。同时，还要规定合理的作息时间，让孩子的生活有一定的规律。

第四，确定目标激励孩子勤奋。俗话说：“有志者事竟成。”任何一个人，只有确定了目标、有了理想，才能够有奋斗的方向，激励自己向着目标不断努力。家长一定要注意孩子潜力的发掘，引导孩子清楚自己的目标，帮助孩子朝着志向而不断努力。

鲁迅先生说：“伟大的事业同辛勤的劳动是成正比例的，有一分劳动就有一分收获，日积月累，从少到多，奇迹就会出现。”天才的成功源于自己百分之九十九的努力。人的天赋就像火苗，很容易熄灭，若想让它熊熊燃烧，方法只有一个——勤奋、勤奋、再勤奋！机会、天赋、学识只是成功的基础前提，最重要的还是离不开自身加倍的努力。

一位哲人说过：世界上能登上金字塔塔顶的生物有两种：一种是鹰，一种是蜗牛。不管鹰有飞多高的天赋，还是行动缓慢的蜗牛，大家爬上顶点的秘诀都离不开勤奋。没有勤奋，即使振臂有力的雄鹰也只能望塔兴叹。蜗牛可以通过勤奋爬上最高处，傲视万物。

所以任何人都不要依赖自己的天赋。如果你天赋异禀，勤奋就能将它发扬光大。如果你资质平庸，勤奋会帮助弥补不足，如果你有着明确的目标，恰当的方法，勤奋会让你硕果累累。然而，没有勤奋，将一无所获。

模块十四　文明乡风

第一节　物质丰裕与精神富有的契合

物质和精神是支撑人类社会生存与发展的两个方面，相互依存、互为一体。物质是满足人类生存的基本要素，精神是提升人们生活品质的重要保证。二者犹如手掌的正面和背面一样不可分割。因此，一个健全的、文明的、持续发展的社会，不仅是一个物质丰裕的社会，也是一个精神富有的社会。诚如一个人一样，不仅要穿着体面，而且还要有良好的修养。一个仅有丰富的物质基础而缺乏相应的精神生活的社会，是一个残缺、不健全的社会。

社会的进步与科学技术的发展，为人类实现物质丰裕和精神富有的契合创造了条件。正如马克思所指出的，人的发展，首先追求的是物质（社会财富）的丰裕，“他们共同的、社会的生产能力成为从属于他们的社会财富”；其实，追求精神的富有“不但客观条件改变着……而且生产者也改变着，炼出新的品质，通过生产而发展和改造着自身，创造出新的力量和新的观念，创造出新的交往方式、新的需要和新的语言”。因此，在追求社会财富不断满足的同时，不断实现人格的自我完善，是人类社会向文明社会发展的重要象征。

然而，现代社会的发展却偏离了这种轨道，人们更多的是追求社会财富的不断积累，而淡化了自身人格的努力完善。为了实现物质的不断丰裕，可以不择手段——社会的道德、规范甚至是法律被践踏，人类的良知、友情甚至是亲情被扼杀。而更为重要的、或者说更令人担忧的是，这些现象的很多方面，正在向当代中国新时期的乡村建设的过程中不断渗透，为新的乡村社会的发展埋下了许多隐患。最典型的例证就是：在当下一些地方的乡村建设中，无论是一般农民还是一些地方政府官员，为着一个所谓的“尽快脱贫”的共同目标，总是把物质的生产放在突出的优先地位，甚至作为唯一的目标，过分强调物质的富有与最大程度的满足，而淡化人性的良知和基本的社会道德规范的约束。使一些原本留存于城市的公民意识匮乏、法制淡薄、诚信缺乏、行为失范、人情冷漠的现象或者说“城市病”，在农村这也开始显露出来。正如孙君所言：“钱作为今天城市人的全部梦想，也成了整个社会的价值观，这种可怕的文明在重建中又渗透到乡村，我们感觉到很悲哀。”这导致一些农村的物质条件越来越好了，但人们的精神生活越来越空虚。“钻在钱眼里必然会让农民从感恩走到埋怨，因为钱是有限的，钱也不是万能的，钱从来就是魔鬼的象征”。农民越来越富裕但农民感受到的幸福却越来越少，农村发展也开始走向畸形。

基于这种畸形化的发展趋势，于是，孙君提出了把“农村建设得更像农村”的新农村建设理念。强调在农民的生活中，物质丰富固然重要，但精神生活也不能缺失。所以，他认为在新农村建设中“还有一种比钱更重要的东西，就是人的精神”，乡村建设“不仅仅依靠钱，更重要的是精神。”认为在现在的新农村建设中，虽然“经济高速发展了，可丢掉了很多精神的东西。现在的农村发展要反思城市的教训，不能除了‘钱’什么都没有了！”因此“道德和文明要先行”，这是新农村建设应坚持的发展路径。

总之，在“更像农村”的农村，实现物质丰裕与精神富有的有机契合，既是一个文明的、可持续中的乡村社会的本质要求，也是人类社会发展的客观规律。

正如恩格斯所言：“通过社会生产，不仅可能保证一切社会成员有富足的和一天比一天充实的物质生活，而且还可能保证他们的体力和智力获得充分的、自由的发展和运用。”因此，在新农村中强调物质丰裕与精神富有的契合，不是什么新的理念，只是还原乡村社会原有的本质内涵——物质与精神的共有。

孙君强调的在乡村建设“不仅仅依靠钱，更重要的是精神”的观点同总书记的讲话有很大的共通之处。同时也道出了新农村的另一个本质特征，即“更像农村的农村”是一个物质丰裕与精神富有相契合的新农村。

第二节　礼俗与法理的重叠

按社会学原理，人类社会一般分为“礼俗社会”和“法理社会”。所谓“礼俗社会”，又称为“有机的团体”，这种社会“并没有具体的目的，只是因为在一起生长而发生的社会”，乡村就是一种“礼俗社会”；所谓“法理社会”又称为“机械团体”，这种社会是为了完成一件任务而结合的社会，城市就是一种“法理社会”。礼俗社会向法理社会转型，通常被人们认为是社会文明向前发展的一种象征，是一种较礼俗社会更为文明的社会，为现代大多数人或者社会所膺服与向往。

所谓礼俗，是指以民间传统习俗为基础，依靠代代相传的习惯势力实施管理，并提升为礼的规范（或一系列的社会制度），即所谓的礼制。在传统的社会中，教化民众服从这种秩序，就是儒家一贯主张推行的礼治。“礼俗，以驭其民者。其民所履唯礼俗之从也”。礼俗虽然是一种行为规范，但礼和俗并不是同一个概念。礼，是由统治阶级制定的典章制度，是一种行为规范，是中国传统道德文化的核心、社会安全的基石。按费孝通的解释：“礼是社会公认合式的行为规范。合于礼的就是说这些行为是做得对的。对是合式的意思。”礼是为“建立人间秩序与和谐而设的。礼是儒学中的核心价值，‘礼’成为孔子伦理中极重要的一个字……”薄德（Pott）指出：“‘骂一个中国人无礼，实不啻于说他极度的邪恶，并指认他缺少人的条件’。所以中国人常不自觉地怀有一种‘礼的意识’……再者，因为礼是属于君子的，不下庶人的，它所重视者为‘人际关系’，并且只问‘对谁’，而不问‘对什么’的”。因此，礼“具有‘特殊取向性’与‘阶层取向性’，而成为中国以家庭为基元的伦理道德的核心，这是古典中国安定的基石。”俗，是在日常生活中形成的风俗习惯，是一种文化现象。对礼和俗进行整合，并以此进行社会管理，即为礼治。所谓礼治“博言之，以天然之秩序（即天理）为立国之根本也”，建立在礼俗基础上的社会，即通常所指的礼俗社会（传统社会或乡村社会）。

在礼俗社会（乡村社会）中，人们依附于天地，依循四季变化，日出而作、日入而息，生活在一种自给自足的自然经济形态之中。人们在这种年复一年的生产—消费—再生产—再消费的循环中养成了一种松散而固定的生活方式，一种不离乡土、安身立命、非亲即故的“熟人社会”。在这种熟人社会中，乡村的治理依靠的是代代相传的、轻重厚薄分别的差序管理方式，如君尊臣卑、父尊子卑、男尊女卑等，即按照人们在社会和家庭中的地位和辈分（等级）的序列来管理，这也就是人们所说通常的“礼俗秩序”。千百年来，中国的农民就是在这种礼俗社会中一代一代地生息和繁衍，并将这种建立在礼俗基础上的行为规范世代沿袭，无论是战乱、和平和朝代兴替，这种礼俗秩序从未有过消亡，即使遭到一时的破坏，也很快复原如故。这也就是中国之所以能成为世界上唯一没有中断传统文化的国家，中国传统文化被视为最强劲的民族文化的根本原因。正是因为这种乡村的社会管理秩序——礼治和社会组织结构，使中国传统的乡村社会具有超强的稳定性。

所谓法理，是相对礼俗而言的。建立在法理基础之上的社会，通常被称为法理社会或者是法制（法治）社会。强调法的精神和制度是法理社会的核心价值。在法理社会看来，一个成熟的社会形态，必须具备有法治精神和反映法治精神的制度。所谓法治精神，是指整个社会对法律至上地位的普遍认同感，以及通过法律或司法程序途径解决人与人之间关系的习惯和意识。因此，在法律面前人人平等，是法理社会与礼俗社会的本质区别。

在法理社会，人们的行为规范和社会秩序按照明确的法律秩序运行。并且遵循严格的司法程序来协调人与人之间的关系、解决社会纠纷，而不是依照个人喜好以及亲疏关系。

“礼俗”和“法理”虽然有本质上的区别，但从某种意义上讲它们都是一种行为规范，只是维持这种行为规范的力量不同，因而就构成了不同的社会形态。在礼俗社会，维系这种行为规范来自于“传统”。所谓传统“是社会所积累的经验。行为规范的目的是配合人们的行为以完成任务，社会任务是满足社会中各分子的生活需要。……上一代所试验出来的有效结果，可以教给下一代。这样一代一代地积累出一套帮助人们生活的方法”。而法理却是靠国家权力和制度来维系。对于这一点，费孝通在他的《礼治秩序》一文中做过详细的解释。“如果单从行为规范一点来说，(礼俗) 本和法律无异，法律也是一种行为规范。礼和法不同的地方是维持规范的力量”。法律是“靠国家的权力来推行的。‘国家’是指政治的权力，在现代国家没有形成以前，部落也有政治权力。礼却不需要这有形的权力机构来维持。维持礼这种规范的是传统。”礼“并不是靠一个外在的权力来推行的，而是从教化中养成了个人的敬畏之感，使人膺服；人服礼是主动的”。

在传统的礼俗社会中，人们的交易主要通过彼此间的信用来链接完成。但在法治社会中，则主要依靠契约来规范人们的交易行为和相互间的权责，它与礼俗社会的生产关系和人际关系的处理有着本质上的区别。“在一个熟悉的社会中，我们会得到从心所欲而不逾规矩的自由。这和法律所保障的社会不同，规矩不是法律，规矩是习出来的礼俗。从俗即是从心……‘我们都是熟人，打过招呼就行了，还用得着多说么?’——这类话已成为我们现代社会的阻碍，现代社会已成为陌生人组成的社会，各人都不知道各人的底细，所以得讲明白，害怕口说无凭，画个押，签个字，这样法律就产生了。”同时，礼俗社会的这种信用关系靠的是个人道德的自律，而法治社会中的契约关系靠的是法律和制度的约束。道德是一种私人（个人）品质，缺乏约束和监督机制，因而易出现失信，尤其是在现代的陌生人社会。所以礼俗的适用范围有明显的局限，但人性化是它最大的特点。法律是一种具有监督约束机制的公权力，特别是在陌生人的社会，没有法律机制的监督，信用将无法得到保证，人与人关系的平等和强制性是法律的最大特征。

礼俗和法理虽然分属于不同的社会形态——传统社会和现代社会，但作为一种行为规范，其适用性并不是绝对的，或单一的。也就是说，它们有可能同时并存于某一种特殊的社会形态中。而中国现代的乡村社会就是这样特殊的社会形态。一方面，无论是传统的乡村社会还是现代的乡村社会，都是一个熟人社会（至少目前中国大多数的乡村是这样），依然保留有数千年儒家传统濡染的礼俗特质。另一方面，乡村社会又融入了部分现代社会的法的精神和制度，契约作为一种新的行为规范也开始在乡村中普遍流行。只是这种“礼俗”的保留和“法理”的融合，因中国乡村社会转型的特殊性——西方社会完成转型一般要经历上百年的历史，而中国社会的这种转型才经历了20~30年的历史，不到西方社会的一半，是在一种仓促的、缺乏理性的碰撞中进行的。于是，就出现了一种似传统而非传统，似现代又不像现代的“异质性”的社会文化现象。“这种意识形态与物理环境的广泛混合的现象，我们称之为‘异质性’。分而言之，在经济上，自足的经济制度与市场制度杂然并存；在政治上，‘作之君，作之师’的观念与‘平民主权’的观念杂然并存；在文化上，西化派与保守派杂然并存；在社会上，传统的家庭制度与现代的会社组织杂然并存。这些现象使转型期社会在现代化工作上无法做‘面’的趋进，而只能做‘点’的突进；而‘点’的突进，常融消在‘面’的阻碍中”。正是这种所谓的“异质性”，使当下的中国，包括中国的乡村，正在经历从传统社会向现代社会转型的最深刻、最广泛的历史性巨变——现代生产方式和传统生产方式的并存与代谢，社会机制的解体与重构，东西方文化的冲突与交融，思想观念转变过程中的反复与阵痛。也是这种“异质性”，使一些地方的新农村建设的部分发展理念，有悖于乡村的传统文化价值观，有悖于农民的真实需求与愿望，使乡村的改造与建设成为部分地方政府一厢情愿的盲从与武断下的政绩工程。正是基于忧虑这种非理想的乡村建设路径对乡村造成危害，于是孙君提出了“把农村建设得更像农村”的理念，反映在礼俗与法理的关系上，就是要求在新的“更像农村”的农村中实现礼俗与法理的重叠、共生。

在新的“更像农村”的农村中，之所以强调礼俗与法理的重叠，首先，是基于礼俗在中国传统文化价值观念中的强大生命力，以及法理在现代社会发展中的科学性这两个方面。这种结合，一方面，要强调礼俗的作用，强调以家为核心的伦理和道德在维系人们行为规范上的重要性，强调规范与制度中的人性化。将情感这一人类唯有的自然特质内化在人们生产生活的过程中，从而实现物质富有和精神愉悦的人生境界。另一方面，又要强调法的精神和制度在现代社会中所起的制衡与约束作用(有效性)，强调契约的强制力与有效性，将人性的劣根及其对社会秩序的破坏力控制在最小范围，确保人与人的关系处理公平、有序。其次，法理社会是人类社会进步的必然阶段，礼俗社会必须适应这种变化与转型。随着社会的进步与发展，人类从传统走向现代是社会发展的客观规律，不管你愿意不愿意、自觉不自觉，它都不以人的意志为转移。在这种转型过程中，约束人们的行为规范从礼俗向法理转型也是必然选择，但这种转型并不意味着承认一个就一定要否认另一个。作为一种约束力的行为规范，最重要的是它的适用性和生命力，是它对社会稳定与发展所起到的促进作用。而礼俗与法理在当下的中国新农村建设中依然具有强大的生命力，这种生命力源自于中国人固有的文化价值观，源自于中国乡村独特的社会意识形态和组织结构。“在中国传统社会的结构中，最重要而特殊的是家族制度。中国的家是社会的核心。……整个社会价值系统都经由家的‘育化’(enculturation)与‘社化’(socialization)作用传递给个人……在传统的中国，家不只是一个生殖的单元，并且还是一个社会的、经济的、教育的、政治的，乃至宗教、娱乐的单元。”所以，在新的“更像农村”的农村中，“礼俗”和“法理”不是相互否定，而是相互吸纳与融合，是互通与共生。这既符合中国乡村的熟人社会形态，也有利于乡村向现代化转型。正处于转型时期的中国乡村社会，需要这两种既有本质上的区别、又有某种内在联系的行为规范，来维系和推动中国乡村社会的转型。因此，“礼俗”和“法理”重叠是新的“更像农村”的农村的又一重要特质。

第三节　改造乡村社会

传统的中国乡村社会是中国农民世代相袭的生存空间和价值世界，它既具有内生组织结构和社会秩序，又包含有传统的乡村文化和道德规范，是一个集生产性、生活性于一体的社会共同体。但进入现代以来，随着中国工业化、城镇化进程的不断加速，这种社会共同体的一些重要特质正在逐步走向衰亡。因此，面对现代化发展的大趋势，开展包括发展乡村经济、重构乡村组织、修复乡村文化与道德规范的改造乡村社会实践，既是当下新农村建设的重要内容，也是“把农村建设得更像农村”的乡村建设（或者说新农村建设）实践的重要路径。

一、发展生态农业

近些年来，中国农业经济虽然占国民经济总量的比重呈逐年下降的趋势甚至不足 11%，但作为一个有超过 6 亿人口(64 222 万）的农村，农业依然是他们生存的最后屏障，也是养活中国 13 亿人口的重要食物来源。所以，在新时期乡村建设运动——新农村建设中，发展农业经济依然是实现“把农村建设得更像农村”的重要路径之一。

农业作为中国的传统产业和国民经济的基础性产业，随着中国现代工业化和城镇化进程的不断推进，所面临的危机也日渐突出。其中，一个很重要的危机就来农业生态环境的破坏对农业发展带来的冲击，以及农业生产方式的改变所带来的农产品质量安全的隐患。正如孙君在《农道》一书中所言："随着经济的高速增长，生活中的生态链随着人的欲望在断裂，无休止地向自然索取，使人的生存环境受到自然的报复：非典、禽流感、癌症、艾滋病……恐惧与无奈使我们的生活品质大打折扣，土壤板结、地下水污染、食品农药残留。原本是资源的垃圾成为真正的垃圾，人畜的粪便原本是最好的有机肥，现在也成了重要的污染源……污染的结果影响着中国人的生命与健康，限制着我们这个民族的发展，同时也在改变着国人的意识形态。"所以，在新时期乡村建设实践（新农村建设）中，修复农业生态环境，恢复农田土壤地力，发展生态农业——"恢复原生态环境，还原原生态土壤，实现发展又能持续的农业"，成为"把农村建设得更像农村"的乡村建设实践的重要内容和实现途径。

所谓生态农业，又称为自然农业、有机农业和生物农业等，是在洁净的土地上用洁净的生产方式生产洁净的食品，提高人们的健康水平，促进农业可持续发展的一种农业形态。在当下中国的新时期乡村建设实践（新农村建设）中要发展生态农业，关键是要改变现有的农业生产方式，重点是减少农药化肥的使用，推广有机农业。现代农业从其发展过程一般分为 3 种类型："绿色农业"，就是传统的种植农业；"蓝色农业"，即人们所说海洋水生生物资源开发的保护与利用；"白色农业"，"主要是改变几千年以来由植物和动物组成的二维农业，成为植物、动物、微生物构成的三维结构的'三色'农业，从而建立'植物是生产者，动物是消费者，微生物是分解还原者'的物质不灭原理，使原有生命体的土壤走向持续"。它是当代有机农业中的一种最新形态，也是中国农业发展的未来之路。正如邓小平所指出的："将来农业问题的出路，最终要由生物工程来解决，要靠尖端技术。"通过生态农业的推广，最终实现农民现有的生产、生活方式的改变和农民收入的增长。

二、制定乡村规划

规划是指通过对未来整体性、现实性、常态性和特殊性的问题的思考、研判和设计来谋划系统的长远整套行动方案。乡村规划则是基于乡村地域，涉及乡村政治、经济、文化、教育、卫生、社会福利、生态、环境、农业、建筑和科技等诸多领域的建设和发展的原则和依据。乡村规划不可就规划做规划，这是与城市规划截然不同的工作程序。

制定科学、可行的乡村规划，对促进新时期乡村建设运动——新农村建设的可持续发展，对实现“把农村建设得更像农村”的新农村建设的目标具有十分重要的意义。俗话说：“没有规矩就不能成方圆。”所以，“我们要从做系统性的规划开始，这也是新农村建设中的希望之本”。而乡村规划就是为“把农村建设得更像农村”树立规矩，使之成为“把农村建设得更像农村”的乡村建设实践的指引和依据，就是要在“把农村建设得更像农村”的乡村建设实践过程中，解决好因缺乏合理的规划，导致目前的新农村建设存在很多与乡村形态和未来发展不协调的问题。一个乡村要有好的发展，必须要有一个好的规划。而“一个没有规划的村庄是杂乱无章的，它的未来不确定也不清晰。规划对于一个乡村的建设来说是第一位的。这个规划给了农民一个希望，一个未来的向往”。所以，在“把农村建设得更像农村”的新农村建设过程中，“更要注意我们的规划，明确我们到底想要保留什么？要改变什么？这一点非常重要”。因此，“制定科学、合理的乡村规划，是乡镇新农村建设试点工作的成败的关键”，是实现“把农村建设得更像农村”的又一重要手段。

1. 乡村规划的原则

乡村规划，顾名思义是为乡村发展而制定的规划，一个科学的、实用的、具有前瞻性的新农村建设规划对新农村建设具有非常重要的作用。所以，立足乡村实际、服务乡村经济、符合农民意愿是其基本原则和主要依据。正如孙君所言：“我们应该记住我们建的是农村，不是城市。”因此，乡村规划的原则——“把农村建设得更像农村”是新农村建设的核心与灵魂，直接关系到所制定出来的乡村规划的合理性和可行性。具体要遵循以下 4 个方面的原则。

适应性原则。乡村规划是为乡村和农民的发展而制定的规划，应突出乡村和农民这两个主体。既然农民是新农村建设的主体，“那我们的项目就应该围绕为农民做事开展”。因此，明确乡村建设目标，使之围绕乡村和农民来谋划和设计是乡村建设规划的首要的原则。否则，规划出来的新农村“就不能称为真正意义的新农村，那是专家与干部的新农村。”从而导致了一些地方的新农村建设处于无序、凌乱的状态，村庄布局也多呈现“只见新房、不见新村”的现象，严重影响了新农村建设的有效、可持续的发展。正如孙君所说：“正确合理的规划是生态农村建设的重中之重。”只有在乡村建设规划中明确了我们到底想要保留什么，要改变什么，才能使乡村建设规划体现出“乡村原本就充满着生命、文化、建筑、生活、植物、文明的多样性”，体现出“乡村人的精神、乡村人的友善、乡村人的爱心”，而这一切也正是乡村建设规划的核心和灵魂。

前瞻性原则。一个科学的乡村规划，既要立足当下解决现实急难，又要面对未来着眼长远发展。因为“农村村庄规划，不能简单看作农居点的规划和老村庄的改造，使它既能反映乡村的特色，又要适应区域的产业结构。做好农村住房个性设计，引导农民科学的建房观念。要根据农村自然分布状况，既尊重农户住房习惯，又便于耕作，还要因地制宜地设计建筑风格。根据村庄和农户家庭状况确定造房类型，使农户建房有选择，改变他们住宅拆了建、建了拆的观念”。只有这样，在实施的过程中才不至于出现中看不中用的“政绩工程”，也不会因劳民伤财而引发民怨。所以，前瞻性是制定乡村规划的一个重要原则。

特色性原则。乡村规划应反映乡村的本质属性和文化特色，应“遵循乡村本原成长过程的特点，避免用城市的那一套发展模式来建设乡村。因为乡村和城市是两个截然不同的世界”。所以，在制定乡村建设规划时，一方面，要突出当地风貌，即还原以自然村落的肌理为主调的淳朴乡村风貌；另一方面，要反映乡村本质属性，包括自然的耕地、田园，山水、丛林、花草、飞禽、家畜、鱼牧等乡村社会的农民房舍、院落以及生活设施和宗教建筑，以此还原乡村特有的安静闲适的感觉，乡村没有污染、没有喧闹、远离浊世、清净悠然的田园意境。同时，还要融入历史、文化和景观三大元素。任何一个村落、一幢建筑或是一株古树都有它特定的历史和文化的底蕴，有它独有的景观效用。正如孙君所言：“一个建筑就是一种文化，与人的生命一样，有了60年树龄的大树就是村庄中的一员。建筑物随着时间的积淀，其文化底蕴也会越来越深厚。一棵大树、一座桥、一个塔、群艺馆、文化宫、电影院等，乡村的建筑是乡村文化的载体，是与村民们的生活、生产息息相关的生命体。”所以，在乡村建设规划中强调当地原始古朴、自然生态的村庄环境特色，强调历史的、文化的、宗教的和艺术的元素的融入，主要是对现有村庄空间格局的保护、建筑的维护与更新、生活环境及基础设施的改善，以此制约乡村建设向城市特色发展的趋势。

可行性原则。乡村规划是乡村建设的原则和指引，规划是否可行，或者说能否落地实施，是乡村规划的核心。正如孙君所言：“规划不应是‘规划规划、墙上挂挂’，规划落地是目的。规划要贴近农民、贴近村情，而不是只让领导喜欢。”建设新农村是要建设农民需要的新农村而不是干部和专家需要的新农村。“规划是让村民知道‘我们村要发展了，我们要建设了，要参与了，要奉献了’，而不是干部很辛苦，专家很认真，农民不知道。”所以，乡村规划的可行性是制定乡村规划时必须遵循的又一原则。因为乡村规划的真正专家是村干部，实施的主体是本村的村民。

2. 乡村规划的主要内容

乡村建设规划作为一个庞大的生态系统性工程，它不仅包括涉及乡村的社会、经济、文化、生态等全局性、方向性的规划的编制，还包括具体的乡村建设项目的单一性和独特性的规划的制定。前者属于乡村社会与经济发展的整体性战略规划，它包括：乡村自然、经济资源的分析评价，乡村社会、经济的发展方向、战略目标及其地区布局，乡村经济各部门发展规模、水平、速度、投资与效益和实现乡村规划的措施与步骤。后者则是乡村建设所涉项目的个案规划，如村庄环境整治规划、乡村公共基础设施建设规划和农户房屋改造与新建（即乡村房屋建筑）规划等。本书所说的规划主要是后者，即“把农村建设得更像农村”的乡村建设实践过程中的所涉项目的个案规划。

乡村规划从大的方面，主要包括“生活与生产方式的规划”“文化与精神建设的规划”和“公众参与的规划”3 个方面。具体又可细分为“人文精神，这是规划中的最高境界”“生态平衡，这个工作属于多边缘跨领域跨学科，又需要资源整合”“建筑艺术，建筑只是工程，是理科，是理性的。艺术是创作，是文科，是感性”的 3 个层面。

3. 制定乡村规划的基本方法

一个科学合理的乡村规划，不仅要遵循乡规划制定的原则，还要探寻乡村制定的依据和有效方法。

（1）乡村规划制定的依据所谓乡村规划的依据，就是乡村建设规划的“根”；寻找乡村建设规划的依据，就是“寻找乡村规划的根”。这一个“根”除了乡村的资源条件、现有生产基础外，主要来自乡村自身历史、文化与宗教、艺术的深刻内涵，来自“乡村文化底蕴”，是文化和精神层面的东西。正如孙君所言：“在乡村工作中，最难做的是乡村规划。在规划中最难的不是技术层面的，而是规划中的文化与精神内容，这部分的软件规划是规划的生命力所在，也是我们项目的定位。目前，不少地方的乡村规划基本是用城市的概念来设计农村，做得好一点的规划大多也是通过园林设计来体现的。这些做出来的规划很多理念是从北京和上海搬来的，没有自己的思想和生命基础，特别是没有本土文化的根基。说得再形象一点，规划做得很漂亮，像一个美丽而没有思想的傻姑娘。”因此，一个科学可行的规划，应从“探寻乡村文化底蕴”的方向来“寻求乡村规划的根”，并由此“根”而制定规划。

（2）乡村规划制定的方法正如前所述，一个好的乡村规划必须要符合当地的实际，是延续旧的脉络与习性对接新的规划，符合农民的意愿，且具有前瞻性、合理性和可行性。必须是对形成一个地方的政治、经济、社会等条件的“具体因素做出区别性的诊断”。

首先，走进乡村了解乡村的民俗与文化。不同的乡村村落、不同的民族有着不同的历史文化渊源和民俗宗教信仰。乡村的建设作为体现这一种差异性的历史文化与宗教信仰的载体，其规划必须符合这种差异性表征。而要了解这种差异性，就必须走进乡村、走进农民的生活中，走进记载和反映乡村文化与民俗宗教的地方去。对此，孙君在他的《农道》一书中写道：“一个乡村要有好的发展，必须要有一个好的规划。”而好的规划来源于“请教本地的文化名人和老人，他们通晓乡村的发展历史及文化渊源；观察本地人的生活习惯，从地方志查询当地的地域资料，到博物馆和展览馆找乡村的历史；要经常到乡村去走走，对本地域的遗址、古建、名胜进行旅行考察；参加他们的红白喜事，体验乡风民俗；更重要的是要了解政府近三年的发展规划。这样，对一个乡村的情况有整体的把握，才能看清乡村的发展方向，也才能为乡村做一个符合本地域特色的能实施的规划。”所以，在做乡村规划调研时，“不但要对农村的经济、农民的生活进行调研，同时还非常重视新农村建设中的规划调研，关注农民的思想和行为，关注本土文化与生态环境，关注政府的最新政策，关注做事的人”。因此，开展全面、深入乡村实际的调查研究，是制定乡村规划的第一步。

其次，是要尊重乡村的个性，反映乡村的特色。目前，新农村建设中最大的问题“就是用建设城市的方法在建设新农村”。然而，城市和乡村是两个不同社会结构和不同生活的社会组织形态，“城市是法律与制度的社会，农村是血缘与熟人的社会。……城市是以法制为标准，是以法律与制度体现农民的品质，而农村是以道德为主的诚信社会。……总之，城市是‘西医疗法’，农村是‘中医疗法’”。现在新农村建设中存在关键的问题“就是我们不了解乡村。说得再简单一点就是‘在没有诊断病人的病因下就给病人开药方了’”。所以，乡村规划绝不可以是城市建设规划的简单模仿和粗糙的嫁接，而是尊重乡村个性、反映乡村特色的独立的规划文本。

这种个性和特色，一方面，是要体现在乡村建设的整体规划上。“乡村是非城市的，这种非城市的基本特征之一就是乡村的基本生活模式是自然化的，这种自然化通常有两个比较明显的特征。”这种特征，一是它的开放性，即“它与周边的农田和自然环境是高度的相互渗透”。二是它的同质化，即“村庄的自然特质和周围自然环境的空间特质大体上是同质的”以及它独有的生活方式，“农村的生活是闲适的，它没有朝九晚五的节律，只争朝夕的渴望和诱惑，也没有城市间、甚至是城际间马不停蹄地奔波。”正是因为乡村的这个特征与属性，所以，乡村规划一定不能是城市建设规划的简单模仿和粗糙的嫁接。另一方面，是体现在乡村的建筑的形制上。乡村的建筑物，既是人们生活的场所，也是人们宗教信仰和文化交流的去处，它反映的是一个地方的历史文化特征和宗教信仰、民风习俗特点以及经济发展状况的综合体。所以，一个能被人广泛接纳并认为是有价值的乡村建筑设计规划，一定是一个能代表当地经济水平，体现当地历史文化、宗教信仰与民风习俗的规划。因为“农村毕竟是农村，要与他们的收入相对称，要与他们的文化、生活、习惯相对应”。而且“农民的建筑从某种角度来说是考虑到人、自然、生产、持续的概念，农民因为这种科学的自然流露的规划，而让他们获得了生生不息的后代延续。春夏秋冬，这是与天地对应于自然环境中的时节。孝道、亲情、勤奋、爱物，这又是一个以人为中心的规划。民俗、鬼神、宗教、文化又开始了道德与仁爱之际”。如果用城市的规划来指导农村的建设，那农民的收入来源于何处，庞大的物业费用由谁来承担？毕竟“农民面对的还是一亩二分地，但地里不会长出金子，农民在家里不能养鸡、养狗、养猪，他们又要回到集体养鸡、养狗、养猪的时代，农民是从那个时代走过来的，难道还要走回去吗？这有可能吗？我们问问农民和基层干部就知道了——农民说那是穷折腾！我们是以城市的标准规划农民的新农村，主要原因是我们没有生活在农村，不知道农民生活的习惯。”

再次，把握乡村规划的系统性和多样性。规划作为“把农村建设得更像农村”的新农村建设的规划和指引，明确规划的系统性和多样性乡村未来发展的方向十分重要。“规划涵盖着社会学和人类学的很多因素”。要做好规划就要“从做系统性的规划开始，这也是新农村建设中的希望之本。”一个科学合理的规划是“集建设、文化，生活、艺术为一体”的综合体，这是乡村规划应把握的实质内涵。但在现在的乡村建设规划的制定过程中，“政府还是用原有的规划理论、传统的旧观念在面对新的农村，显然不专业。这时政府感觉到问题了，他们自己在新农村建设中迷惑了”。因为，用城市规划模仿和嫁接出来的乡村建设规划，已经“逐步失去人与土壤之间的依存的关系，失去了原有乡村中三个的互补性的东西，背离了乡村文化中的最核心的均富、熟人、道德”。而且，“规划师把原本有机的生命开始像菜场买卖一样，一块一块地切割，终于把城市变成了整个宇宙的毒瘤，危害于地球，这块毒瘤如同癌症，在超常规发展，别看时间很短，其危害反过来又一步步地侵入乡村，今天的新农村建设城乡一体化，从城市派出了一大批如同刽子手一样的规划设计师，建设师又像摧毁城市一样在无情地切割原本完整与美丽的乡村，凡是被这些城市规划师建设的新村，基本就失去了活力，也没有了生命，最终变成村不像村、城不像城的怪物，于是全社会开始了一场癌症细胞繁殖，这就是今天的科技文明与新农村建设，表面上很风光，而在社会的内部很可怕。”之所以出现这种结果，是“农村毕竟是农村，要与他们的收入相对称，要与他们的文化、生活、习惯相对应”。因为，“乡村原本就充满着生命、文化、建筑、生活、植物、文明的多样性。乡村人的精神、乡村人的友善、乡村人的爱心是那样质朴，是现代化的都市人远远不可比拟的。乡村人的状态离我们所倡导的人与自然和谐的状态很近，人与人的和谐更是自然，他们现在的生活方式和精神境界，在某些方面就是都市人向往的，也是后现代主义推荐的理想境界”。所以，体现充满生命、文化、建筑、生活、植物、文明的乡村多样性，体现乡村人的精神、乡村人的友善、乡村人的爱心与质朴，是乡村规划的未来发展方向。

最后，坚持源于乡村实际，接受乡村检验的基点。一个好的乡村规划，一定是一个符合乡村建设实际，符合当地农民建设的意愿的乡村规划。因此，规划素材一定要源于乡村实际要“立足于‘一方水土养一方人’来做规划”。因为建设新农村是要“建设农民需要的新农村而不是干部和专家需要的新农村”，如果规划成了“政府或专家的事，那是不对的”，是“把规划简单化了”。所以，乡村规划一定要坚持“从村民中来，又还于村民”，这是乡村规划的核心。因为，“评价一个乡村规划的好坏，要走到农民中间去，只有农民认可的规划，才能得到农民的拥护和支持”。所以，在制定规划时要尊重农民的意愿，吸纳农民的建议。

模块十五　新乡贤文化

第一节　乡贤文化的概述

一、乡贤文化的含义

两会进行时，一个并不陌生的词，“新乡贤文化”，出现在《“十三五”规划纲要（草案）》中，并迅速升温，成为代表委员及民众关注和讨论的热词。

何谓乡贤文化？“十三五”规划纲要（草案）“解释材料”中这样解释：“乡贤文化是中华传统文化在乡村的一种表现形式，具有见贤思齐、崇德向善、诚信友善等特点。借助传统的‘乡贤文化’形式，赋予新的时代内涵，以乡情为纽带，以优秀基层干部、道德模范、身边好人的嘉言懿行为示范引领，推进新乡贤文化建设，有利于延续农耕文明、培育新型农民、涵育文明乡风、促进共同富裕，也有利于中华传统文化创造性转化、创新性发展。”

二、“新”乡贤文化的“新”在何处

“一般而言，有德行、有才华，成长于乡土，奉献于乡里，在乡民邻里间威望高、口碑好的人，可谓之新乡贤。”长期研究“君子文化”的全国人大代表、安徽省文艺评论家协会主席钱念孙表示，“再宽泛一点说，只要有才能，有善念，有行动，愿意为农村建设出力的人，都可以称作新乡贤。”

两会上，代表委员对此认识一致：新乡贤做的事说的话，能够引发共鸣，能够点燃激发农村群众善念，而“一旦点燃善念，很快就会铺天盖地”。

回顾历史，历代乡贤代替或配合官府处理大量社会“公共

管理”事务，架桥修路、挖渠筑坝、抢险救灾、尊师重教、纯化风俗、定纷止争、稳定秩序等。然而，由于各种原因，乡贤文化自明清以来，开始由盛转衰，近于凋敝；乡贤群体发挥作用的空间也愈加逼仄，近乎消弭。钱念孙代表说：“风筝断线了，农村知识精英都流向了城市，成了城市人。长此以往，农村成了空壳，魂就丢了。”

第二节　乡贤文化的重要性

一个没有“魂”的乡村，是绝无半点吸引力的，新乡贤的重要性，在当下不言而喻。本期议题，来聊聊“新乡贤文化”。

一、“新乡贤”反哺农村要提倡

宋代户部尚书沈诜退休后，每遇灾荒之年就用自家的米救济百姓，深受群众爱戴；明朝兵部尚书魏骥退休后，为解乡民水患之苦，亲自主持修筑水利工程，受到成化皇帝的嘉奖；明朝吏部尚书罗钦顺退休后，潜心研究理学，著述甚丰，被誉为“江右大儒”；清朝军机大臣、礼部尚书阎敬铭告老还乡后，热心公益事业，捐款修建义学，建起“天下第一仓”；全国政协副主席毛致用退休后回到家乡湖南岳阳西冲村，三年把西冲村从一个落后村转变为“岳阳第一村”；海南省原副省长、人大副主任陈苏厚退休后回到家乡海南省临高县南宝镇松梅村务农，让松梅村面貌焕然一新；吉林省延边军分区原副司令员金文元退休后回到家乡安图县石门镇大成村务农，带领村民发展起 10 种产业，人均年收入由不足 3 000 元增加到现在的 6 000 多元……

纵观古今，官员“告老还乡”为农村、为社会做出积极贡献的案例不胜枚举。如今，在全面深化改革、全面建设小康社会的大背景下，采取激励政策让广大离退休干部“告老还乡”为农村、为社会做出更多贡献，让他们发挥余热，得到社会肯定和认可，既有利于社会的稳定和发展，也有利于加强离退休干部的管理，更有利于填补农村人才紧缺的“空白”，值得提倡。

二、“新乡贤”未来大有可为

治国经邦，人才为急。当前中国农村发展存在不少问题，很大程度上是由于“能人”的流失，也就是缺乏所谓的“乡贤”，许多优秀人才出去学习和奋斗后，却没有“衣锦还乡”，用他们的思想观念、知识和财富建设自己的家乡。发展新乡贤文化，让“能人”回到自己的家乡发展，不仅可以树立榜样，引领正确的价值观，还能够发挥其所长，带动农村经济、社会、文化等各方面发展。

乡村文明乡风，靠谁来培育和涵养？乡村治理和精准扶贫，又靠谁来带头和实施？编者认为，这可以靠“乡贤”来助力。各级各地的干部在立下精准扶贫的“军令状”，深入农村基层调研后，发现很多贫困山区都普遍存在着“文化落后、无劳动力、思想意识淡化、交通闭塞”等现状。这就是因为，随着城镇化进程的加快，农村很多能人、文化人、劳动力都纷纷转移到了城镇，导致农村缺乏“带头人”“明白人”和劳动力。

所以，像南昌市市长李豆罗这样，退休后能回家乡当一名“农夫”，是党的需要，更是家乡人民的期盼。出去工作的领导，退休回到家乡，有两个优势，一是可以充分利用他们在外面积累的人脉关系、协调能力或工作经验，为家乡的建设出主意、想办法、掏腰包、出力、跑腿，向上级部门协调资金项目和产业帮扶；二是可以利用自身的影响，让家乡人民积极生产生活，主动参加社会事业建设，通过乡贤的学识、道德行为、思想意识，潜移默化的带动着农村人在思想和品行方面的改变，从而提高经济文化和社会事业的建设。

知识能告别“愚”和“腐”。退休官员等助力新乡贤文化的发展，一方面，会让农村生活有了知识分子的气息，会告别不懂科学、蛮干、笨干等愚蠢的耕作方式，让人们懂得科学种田、健康生活的道理。另一方面，“知识”进乡村，在杜绝腐败上还会有不一样的功效。退休官员、知识分子等不管是在对村级财务监督上，还是在督促干部履职上，他们都有着“专业知识”，都能起到极大地威慑和促进作用。有他们这些“行家里手”的存在，一些人肯定不敢那么“任性”。

第三节　大力提倡乡贤文化

一、留住“新乡贤”也需下功夫

要真正让“能人”乐意“告老还乡”，就应该“栽下梧桐树，引得凤凰来”。一方面，要建立完善的农村基层“能人”吸纳机制，形成“回乡光荣”的社会舆论氛围，激励“能人”到农村发挥作用、施展才能；另一方面，所谓“最是乡音解乡愁”，要通过亲情、友情、乡情留人，让“能人”们能够在农村找到归属感，提高他们回到农村、留在农村、建设农村的自信心和自豪感。

发展新乡贤文化，一方面国家应该出台相应的政策措施，鼓励官员、知识分子和工商界人士“告老还乡”，实现宝贵人才资源从乡村流出到返回乡村的良性循环，另一方面还需要大力发展乡村文化，让文化为“新乡贤”反哺农村作强有力的支撑，做到“血肉丰满”。

随着经济社会的高速发展，孝悌文化、节庆文化、农耕文化、民俗风情等中国优秀传统文化似乎与我们渐行渐远。或是迫于生活、工作压力，或是因为人情冷漠，或是对于本土文化不自信，道德诚信缺失、崇洋媚外重洋节、追逐外国品牌、农村“失根”等现象层出不穷。我们不得不反思，只有重塑传统文化自信，重建我们的精神家园才能让中国这艘“巨轮”在世界“海洋”中行稳致远，才能让中华文化之根在世界“大地”上“生根发芽、遍地开花”。

二、新乡贤文化同样适用于年轻干部

新乡贤文化鼓励干部、知识分子“告老还乡”，以曾经在工

作生活中积攒的能量，在基层的广袤天地里再次绽放。同样的，在笔者看来，年轻干部也需要这样的“还乡”，众所周知，基层一线面对的是实实在在的群众关心关注的问题，是诸多政策实施的前沿阵地，要把复杂困难的问题处理好，需要“前人”的经验教训“点灯”，也需要年轻干部的亲身实践，二者互为表里，缺一不可。所以，在年轻干部的成长过程中，加入“乡贤”文化，鼓励更多的年轻干部“回乡”汲取养分，在当下而言，符合基层发展大计，也对干部成长有利。

三、使“新乡贤”能量最大化

涵养“新乡贤文化”一方面要更新乡村治理理念，在继承传统乡贤文化的基础上，取其精华去其糟粕，对于乡贤文化在乡村治理中所发挥的惠泽百姓、传承文明的作用同时，也应抛弃以往的等级观念，为“今贤”“新贤”们搭建平台，鼓励他们共同发力致力于乡村建设。另一方面要注重“新乡贤文化”落实，倡导制度先行，为“新乡贤文化”从理念走进现实夯实根基。

发展乡贤文化是一项系统工程，始终把它放到全局发展的大局中来思考、来谋划，引领方向，搭建平台，加大投入，强化考核，同时注重调动社会各界力量，真正把一批热心公益、挚爱乡贤文化的人士凝聚起来，以研究会为平台，不计名利、无怨无悔，为传承和弘扬乡贤文化奉献心血和力量。

重视乡贤文化，挖掘和丰富好乡贤精神内涵。发挥好乡贤作用，挖掘和丰富乡贤精神内涵是基础。要挖掘好乡贤背后所隐含的精神价值和时代意义，传颂好“古贤”，挖掘好“今贤”，培养好“新贤”，让乡贤文化历久弥新，焕发时代光芒。

同时，要创新乡贤精神文化宣传载体，以群众喜闻乐见的群众语言来弘扬乡贤时代精神，丰富广大人民群众精神生活，营造一个人人学习乡贤、人人争当乡贤的良好氛围，让见贤思齐蔚然成风。

“新乡贤”出发点和落脚点在“乡”，要接得了地气。退休干部发挥余热回乡发展农村，就要始终以农民所需为根本，以农业现代化为前提，以农村全面脱贫为目标，充分调动农民干事创业积极性，放下“官架子”，拿起“铁锄头”，深入农民之中，常怀爱乡之心，恪尽干部之责，真正将“新乡贤”作用发挥出来。

新乡贤一方面扎根本土，对乡村情况比较了解；另一方面新乡贤具有新知识、新眼界，对现代社会价值观念和知识技能有一定把握。当前，我国农业资源开发过度，农村优秀传统文化正渐行渐远，在乡村传统秩序受到冲击、传统社会纽带越来越松弛的情况下，如何让乡土社会更好发展，如何在乡村与现代间架起桥梁，新乡贤是上述作用的关键人物。首先发挥好新乡贤的“模范”作用。乡贤因为自己的知识与人格修养在当地有很大的威望、得到大多数百姓的尊敬。因此我们发挥好榜样的力量去引领、鼓励、激励当地乡民行为有度、价值高尚、操守有范。其次发挥好新乡贤“新眼界”作用。乡贤多数在城市与大学生活、深造，眼界比较宽广、知识渊博、接触的新事物较多。因此利用好他们的“新眼界”，有他们参与辅助村两委工作，能更好地开展群众工作、能更好的架起乡村与现代都市的桥梁、能更好的带领乡村致富。最后，发挥好新乡贤“好人脉”的作用。通过乡贤的人脉优势，引进一些有能力的企业到村投资发展现代化的农业经济，引进一批高素养人才助力乡村文化发展。

模块十六　美化农村人居环境

第一节　大力营造生态和谐人居

一、做好城乡空间布局规划和定位

迎合农村人口转移和村庄变化的新形势，科学编制县域村镇体系规划和镇、乡、村庄规划。以蒙阴县为例，其生态文明规划提出：按照集约用地、集中发展、适度规模的要求，形成中心城区紧凑发展、城镇和农村居民点集聚发展的格局。构筑"一心点廊协同、三轴三区发展"的空间发展格局："一心"指中心城区；"点廊"指中心城区为依托的生态城和多个村庄社区为载体的美丽乡村，依托京沪高速的交通廊道和依托河流水系的滨水廊道；"三轴"指沿205国道和京沪高速公路方向的一条发展主轴，以及分别依托兖石公路和沂蒙公路方向的两条发展次轴；"三区"指中部生态产业发展区（蒙阴城区、常路镇、高都镇、联城乡、旧寨乡）、北部生态休闲涵养区（岱崮镇、坦埠镇、野店镇）和南部生态旅游体验区（垛庄镇、桃墟镇）。

对于中心城区建设要优化功能、治理环境、提升品位，按照统一规划、发展节地型生态住宅的方式，对所有过于老旧的村落逐批实施改造，同时将有机更新与历史文化保护相结合，打造发展与传承的核心区。建设以汶河、梓河综合整治带动沿线区域开发，全面提升基础设施水平，打造生态自然、开放时尚、富有活力的现代化新城区，向布局合理、功能完备、多元化、组团式生态县迈进。同时重点推进生态建设，依托现有云蒙湖、蒙山等资源，营造湿地公园、森林公园，在全县范围植入生态绿楔，为居民提供氧源绿地和多层次的休闲游憩场所，着力打造生态环保、功能完善的特色生态县。

二、开展美丽城镇建设

按照控制数量、提高质量、节约用地、体现特色的要求，推动乡镇建设与主导产业发展相结合；要通过规划引导、市场运作，培育成为文化旅游、商贸物流、资源加工、交通枢纽等专业特色乡镇；将生态文明理念全面融入乡镇发展，构建绿色生产方式、生活方式和消费模式；严格控制高耗能、高排放行业发展；节约集约利用土地、水和能源等资源，促进资源循环利用；统筹城乡发展的物质资源、信息资源和智力资源利用，推动物联网等新一代信息技术创新应用；发掘乡镇文化资源，强化文化传承创新，把乡镇建设成为历史底蕴厚重、时代特色鲜明的人文魅力空间；加强历史文化名城名镇、历史文化街区、民族风情小镇文化资源挖掘和文化生态的整体保护，传承和弘扬优秀传统文化，推动地方特色文化发展，保存城市文化记忆。

三、大力推进美丽乡村建设

县域层次要按照城乡空间布局、城乡经济与市场、交通、社会事业和生态环境一体化建设发展要求。首先，从优化土地利用和产业布局、绿色循环低碳技术应用、资源高效节约集约利用、生态环境保护、生态人居和景观风貌营造、乡村生态文化复兴、生态文明制度创建等方面，开展县域层次美丽乡村建设规划，提出美丽乡村建设战略、任务和工程项目；其次，要根据农业部提出的“美丽乡村”创建活动的目标体系，从产业发展、生活舒适、民生和谐、文化传承、支撑保障 5 个方面，开展“生态宜居、生产高效、生活美好、人文和谐”的美丽乡村建设，以提升农业产业，缩小城乡差距，推进城乡一体化发展。

第二节　加强生态文化体系建设

一、树立生态文明主流价值观

将生态文明内涵融入机关文化、企业文化、校园文化、旅游文化、群众文化建设各方面。继承和发展传统文化，开展以生态价值观和环境伦理道德为核心的生态文化建设。牢固树立“善待生命、尊重自然的伦理观，环境是资源、环境是资本、环境是资产的价值观”，在全社会牢固树立生态文明理念。强化“经济、社会和环境相统一的效益意识，经济、社会、资源和环境全面协调发展的政绩意识，节约资源、循环利用的可持续生产和消费意识”的生态意识。

二、加强生态文明宣传力度

加强对社会普遍关注的生态文明热点问题的舆论引导。依托报刊、电台、电视台等新闻媒体，开辟专栏聚焦生态文明建设热点问题并进行相关生态知识的宣传；加强环保网站、环保刊物以及环保信息屏、显示屏等宣传平台的建设和运用，推进公众参与和工作交流；加快建设并形成一批以绿色学校、绿色企业、生态街道、绿色社区、生态村为主体的生态文明宣传教育基地；全面开展生态文明进社区、进村镇活动，积极组建生态文明建设社团，组织开展生态文明知识宣讲活动。

三、增强生态文化传承融合

不断挖掘本土文化的生态内涵，将历史文化、资源开发与旅游二次创业密切结合，促进生态旅游业和相关第三产业的发展。加强传统节庆文化的传承和发展，让更多民众参与到节庆活动和社会活动中，以生态文化为载体，通过以节扬文、以文促旅、以旅活市来带动产业的综合发展。

四、倡导生态绿色生活方式

大力宣传倡导生态绿色的生活方式，在全社会树立绿色消费理念，倡导绿色消费和适度消费。树立适度消费、节制消费、健康消费、公平消费、精神消费等为首的生态消费方式，积极倡导绿色生活；提倡良好、文明的卫生习惯，惩罚破坏环境的行为；使用节能环保产品，倡导消费未被污染和有助于公众健康的绿色产品，拒绝消费污染环境和高能耗的产品。

第三节　美化农村卫生环境

一、美化农村卫生环境的意义

整洁优美的人居环境从来就是我国农民生活的重要追求。从传统文化角度审视，我国相当部分的村庄在选址的时候，祖宗先人们都十分重视村庄的风水和生态，自觉不自觉地运用人居环境学、堪舆学的原理，考虑到村庄房屋与山川水流、地势形貌、田园阡陌、座落朝向等自然环境的融洽；村庄的建设也尽量体现出借山用水的理念，小桥流水的景致，石径小巷的宁馨，粉墙黛瓦的色调，深宅雅园的格局，老井古树的神韵，曲径通幽的含蓄，以及与农事密切结合的厅、房、厨、棚等的构造。但农村村庄构成总体上是以一代又一代农民自行建设住房为主的，由于农耕生产方式要求生活和养殖用房合一或紧邻，又由于生产力水平不高，生活废弃物较少并有所利用，如垃圾堆沤作肥料，人畜粪便直接用于农作物等，再加上绝大多数农民群众终生劳作只为温饱企求宽裕，所以长期以来农民不可能萌生洁化村庄环境的理念，也不具有安装给排水等基础设施清洁村庄的实力。

从农村建设现状分析，改革开放以来，农村多种经济蓬勃发展，乡镇企业遍地开花，客观上也导致了农村建设杂乱和环境污染严重，再加上前些年只重视城市的环境保洁，不重视农村的环境整治和建设规划，以致于在农村出现畜牧养殖业的发展与污染扩大并存，工业发展、生活水平提高与垃圾增多并存，农户建房缺乏整体规划，拆旧窝建新居乐此不疲，村庄环境保洁缺乏制度和资金保障，责任主体不明，普遍存在路面不硬、四旁不绿、路灯不亮、河水不清等问题，随处可见垃圾乱倒、污水乱排、电线乱拉、管道乱铺等现象，不少村庄至今尚未消灭露天粪坑，“晴天尘土飞扬、雨天污水横流、夏天蚊蝇成群”，“有新房没新村”，“进门穿拖鞋、出门穿雨鞋”，环境“脏、乱、差”问题十分突出，这些问题已成为缩小城市与农村建设差距的严重障碍。

从农民意识角度思考，不少农民群众环境意识、卫生意识、文明意识淡薄，垃圾乱倒、污水乱排、杂物乱堆等不文明行为屡见不鲜，“室内现代化、室外脏乱差”现象随处可见。从深层次看，相当多的农民群众仍保持着传统农耕社会的生活、生产方式，贫乏落后的文化生活和根深蒂固的传统习俗导致了职业农民素养提高不快。农民群众的这种与现代社会不相适应的思想意识、行为方式和生活、生产方式，已经成为制约农村文明进步和现代化实现的突出问题。

二、农村环境卫生整治现状

近年来，按照中央提出的“生产发展、生活宽裕、乡风文明、村容整洁、管理民主”的二十字方针，各地在新农村建设中都把村庄环境整治、村容村貌整洁作为重要工作，取得了较好的成绩。一些村镇村容村貌整洁，居住环境优美，配套设施完善，已经展现了新农村美好的生活景象。但是，我们也应看到，绝大多数农村卫生状况依然令人担忧，生活垃圾随处乱丢，生活污水随意乱倒，建筑剩余物乱堆乱放，住宅与禽畜圈舍混杂等脏乱差现象还不同程度地存在。目前，农村环境卫生整治工作的突出问题如下。

（一）农民环境卫生意识普遍不强

长期以来，由于受传统习惯和落后观念的影响和缺乏宣传教育，部分农村干部群众公共卫生意识和环保意识比较差，垃圾乱丢，杂物乱放，而且对村中的“脏、乱、差”长期视而不见，这种观念和陋习与建设新农村的要求是格格不入的。

（二）农村环境卫生基础设施不到位

目前，各地农村环境基础设施建设的投入严重不足，各级政府专项资金很少，乡镇缺财力，村级集体经济缺实力，对基础设施进行投入时往往显得力不从心，从而造成基础环境卫生硬件投入的严重缺位。一是没有规范垃圾收集系统，垃圾桶、垃圾池数量很少，房前屋后、公共场所成为垃圾堆积地，不能做到日产日清；即使实行城市管理办法，实行垃圾不落地村庄，也没有建设垃圾处理场，仍旧倾倒在村边、路边及河边；有的虽然也建有简易的垃圾处理场，但设置不合理，管理不规范，甚至造成二次污染。二是大部分村没有下水管道，人畜粪便、生活污水随意排放，致使污水横流、臭气熏天，即使有下水管道，也是直接排入河道，严重污染水源，在大力提倡新农村建设的今天，这种状况极不合时宜。三是总体规划落后，一方面缺乏对农村环境保护卫生设施的统一规划，另一方面缺乏城乡一体化管理统一规划。

（三）农村环境缺乏长效管理机制

大部分村镇农村环境卫生工作长效机制不健全，仅仅建立几项基本的清扫机制，整治工作过后，由于长效管理制度没有很好跟上，不少农村垃圾乱倾倒，柴草乱堆放，又重新回到“脏、乱、差”。即使制定有效管理办法，也缺乏有效监督手段，难以完善农村环境卫生运行机制。

三、农村环境卫生整治的对策

增强农民环境卫生意识，创造文明卫生的生产生活环境，是提高农民卫生素养的重要内容。“村容整洁”是新农村建设的重要任务，为此，我们要把农村环境卫生整治作为新农村建设的一项重要任务。

（一）加强宣传教育，切实增强环境卫生意识

首先要在思想上引起高度重视。各级政府要从思想上高度重视农村环境卫生问题，充分认识农村环境卫生差对农民健康与生态环境的危害，把农村环境卫生问题当做建设新农村的大事来抓，列入重要工作日程；其次要提高农民思想觉悟。应运用各种宣传工具，采取多种形式，开展农村环境卫生建设专题教育活动，形成强烈的社会舆论氛围，使广大村民增强环境意识、卫生意识、健康意识、文明意识，增强参与环境建设的责任性和积极性，努力形成全社会关心、支持、参与农村环境卫生工作良好局面。

（二）广泛开展农村环境卫生综合整治活动

按照政府主导，农民主体，社会各界积极参与的机制，大力开展村庄环境卫生整治活动，努力做到村庄布局优化，卫生洁化，沟塘净化，四旁绿化，道路硬化，环境美化，逐步探索和建立农村居民自我管理的村庄保洁机制。坚持典型引路，全面推进文明卫生村镇创建活动。通过落实新农村建设示范村文明卫生创建活动，把提高农民道德法制水平作为文明卫生创建活动的重要任务，把文明卫生创建活动作为新农村建设的重要内容。

（三）提高基础设施建设水平

首先要拓宽资金渠道，加大投入力度。政府要合理调配财政支出格局，加大对农村环境卫生建设资金的投入，逐步形成政府主导、部门支持、社会筹集的格局；其次要实施好硬件配套建设。通过科学规划建立垃圾简易处理场，解决垃圾出路问题。通过建设沉淀池解决生活污水问题。通过加快改厕工作步伐，彻底消灭露天粪坑，保证无公害卫生户厕普及率逐步提升，从根本上解决污染环境传播疾病这一毒瘤。

（四）完善长效管理机制

要建立健全环境卫生管理体制和运行机制。各乡镇要把农村环境卫生管理纳入年度考核内容，作为评先、评优和奖励的依据，并设立专门机构和专人负责环境卫生工作。要建立环境卫生工作监督、考核机制。各乡镇实行定区域、定人员、定职责的“三定”责任制，各行政村要实行村民“门前三包”责任制，由村委会定期组织检查评比，好的表扬奖励，对有损村容村貌的行为，要进行批评教育，并限期纠正和改进。要制定完善卫生守则、《村规民约》等各类规范制度，用制度来规范人、制约人、引导人，提高农民环境卫生意识，让农民在制度约束下形成良好习惯。

模块十七　繁荣农村文化

当前乡村文化建设的重点是摆脱旧有文化建设的路径依赖；在新的时代背景下，重新思考乡村文化建设的路径。乡村文化建设应融入到新农村建设之中，与农村的政治、经济、生态发展同步进行，把农村社会建设成为“生产发展、生活宽裕、乡风文明、村容整洁、管理民主”的社会主义新型农村。文化是民族的血脉，是人民的精神家园。全面建成小康社会，实现中华民族伟大复兴，必须推动社会主义文化大发展大繁荣，兴起社会主义文化建设新高潮，提高国家文化软实力，发挥文化引领风尚、教育人民、服务社会、推动发展的作用。建设社会主义文化强国，必须走中国特色社会主义文化发展道路；坚持为人民服务、为社会主义服务的方向，坚持百花齐放、百家争鸣的方针，坚持贴近实际、贴近生活、贴近群众的原则；推动社会主义精神文明和物质文明全面发展；建设面向现代化、面向世界、面向未来的，民族的科学的大众的社会主义文化。

第一节　提高乡村文化主体的综合素养

农民是新农村建设的主体，农民科技文化素养的高低直接关系到农村的经济发展水平，直接关系到我国的社会主义现代化建设能否顺利进行。农民科学文化素养的提高是决定农业和农村经济顺利发展的重要因素。提高农民的整体素养，培养有文化、懂技术、会经营的新型农民，为新农村建设提供精神动力和智力支持，推动农村社会的全面发展。

一、加强新型职业农民的思想道德素养教育

一般认为，农民较为传统、封闭，不愿意接受新事物。当

前乡村文化建设的重点是提供给农民学习的环境和机会。要重视农民的实际需求，给农民提供学习科学技术的机会，促使农民由传统型向现代型转变。全面提高公民道德素养，是社会主义道德建设的基本任务。要坚持依法治国和以德治国相结合，加强社会公德、职业道德、家庭美德、个人品德教育，弘扬中华传统美德，弘扬时代新风。推进公民道德建设工程，弘扬真善美，贬斥假恶丑，引导人们自觉履行法定义务、社会责任、家庭责任，营造劳动光荣；创造伟大的社会氛围，培育知荣辱、讲正气、做奉献、促和谐的良好风尚。深入开展道德领域突出问题专项教育和治理，加强政务诚信、商务诚信、社会诚信和司法公信建设。加强和改进思想政治工作，注重人文关怀和心理疏导，培育自尊自信、理性平和、积极向上的社会心态。深化群众性精神文明创建活动，广泛开展志愿服务，推动学雷锋活动、学习宣传道德模范常态化。

加强社会主义核心价值体系建设。社会主义核心价值体系是兴国之魂，决定着中国特色社会主义的发展方向。要深入开展社会主义核心价值体系学习教育，用社会主义核心价值体系引领社会思潮、凝聚社会共识。推进马克思主义中国化、时代化、大众化，坚持不懈地用中国特色社会主义理论体系武装全党、教育人民，深入实施马克思主义理论研究和建设工程，建设哲学社会科学创新体系，推动中国特色社会主义理论体系教材进课堂、进头脑。广泛开展理想信念教育，把广大人民团结凝聚在中国特色社会主义伟大旗帜之下。大力弘扬民族精神和时代精神，深入开展爱国主义、集体主义、社会主义教育，丰富人民的精神世界，增强人民的精神力量。倡导富强、民主、文明、和谐，倡导自由、平等、公正、法治，倡导爱国、敬业、诚信、友善，积极培育社会主义核心价值观。牢牢掌握意识形态工作领导权和主导权，坚持正确导向，提高引导能力，壮大主流思想舆论。

第一，加强农民的思想理论教育。加强乡村文化建设，提高农民的整体素养，必须要加强农民的思想理论教育。广大农民群众的思想状况如何，直接关系到国家的发展前途。乡村文化建设要坚持用马克思列宁主义、毛泽东思想、邓小平理论和“三个代表”重要思想教育农民，不断提高农民的马克思主义理论水平。在乡村社会加强图书、报刊、广播、电视、互联网等媒体对党的基本理论和重大理论创新成果的宣传，组织专业人员编写农民易于理解的通俗理论读物，回答乡村干部和农民群众关心的热点、难点问题。加强宣传教育，注重培养农民的合作互助精神，提高农民的主体意识。要对乡村社会的指导者进行培训，让乡村社会的指导者起到领导农民的带头人作用，以身作则，引导农民培养自身的合作互助精神。

第二，加强农民的社会主义思想道德建设。要着眼于提升农民的思想道德素养，促进农民的全面发展。在乡村社会全面落实《公民道德建设实施纲要》，实施公民道德建设工程，把家庭教育、学校教育、单位教育和社会教育紧密结合起来，以社会公德、职业道德、家庭美德为着力点，大力倡导爱国守法、明礼诚信、团结友善、勤俭自强、敬业奉献的基本道德规范。对农民进行爱国主义、集体主义、社会主义教育及改革开放和现代化建设教育，引导农民群众树立正确的世界观、人生观、价值观。积极探索新形势下乡村社会道德建设的特点和规律，创新乡村社会道德建设的形式、内容、手段，增强乡村道德建设工作的针对性、实效性和吸引力、感染力，不断增强农民的道德素养。坚持教育与实践相结合，在乡村社会实践社会主义荣辱观，开展多种形式的社会主义荣辱观的实践活动，切实解决乡村社会风气中存在的突出问题，推动形成知荣辱、讲正气、树新风、促和谐的新农村文明风尚。

第三，增强农民的文化自觉，推动农村社会主义文化大发展大繁荣。文化是民族的血脉，是人民的精神家园。全面建成小康社会，实现中华民族伟大复兴，必须推动社会主义文化大发展大繁荣。关键是增强全民族的文化创造活力，树立高度的文化自觉和文化自信。文化自觉，是指党和国家及全社会在文化上的觉悟和觉醒，以及对文化的地位作用、发展规律和建设使命的深刻认识和准确把握。也就是对文化意义、文化地位、文化作用的深度认同，对文化发展、文化建设、文明进步的责任担当。文化自信，是一个国家、一个民族、一个政党对自身文化价值的充分肯定，对自身文化生命力的坚定信念；从根本上说，是对文化本质的信念、信心。

一个国家的强盛离不开民族的觉醒，一个民族的觉醒首先是文化的觉醒。只有对文化的地位作用、发展规律和建设使命进行深刻认识和准确把握，才会有高度的文化自觉，才有振兴中国文化的自觉行动。新的形势、新的任务，迫切要求我们进一步增强文化自觉。有了文化的自觉行动，有了对自己文化的坚定信心，才能有文化大发展大繁荣的坚定决心，才能有奋发进取的勇气和创新创造的活力，从而全面建成小康社会，实现中华民族的伟大复兴。

其一，推动社会主义文化大发展大繁荣，必须充分认识文化的地位作用，把文化建设作为全面建成小康社会的重要组成部分，突出战略地位。文化建设需要文化自觉。文化自觉是一种内在的精神力量，是对文明进步的强烈向往和不懈追求，是推动文化大发展大繁荣的思想基础和前提条件。有了文化自觉，才有对文化的重视，才有文化的应有地位，才有文化大发展大繁荣的正确方向、道路及必要的条件和保证。中国共产党正是有了高度的文化自觉，才有了自己鲜明的特征和显著优势；才始终走在时代前列，保持着旺盛的生机活力，团结、带领各族人民走上伟大的民族复兴之路。我们要充分认识到以下几点：一是文化对经济社会发展的作用不断扩大，在综合国力竞争中的地位日益凸显。“没有社会主义文化的繁荣发展，就没有社会主义现代化。”面对当今国内外形势和任务的新变化、新特点、新要求，文化是民族凝聚力、创造力的重要源泉，是综合国力竞争的重要方面，是经济社会发展的重要支撑。一个文明进步的社会必然是物质财富和精神文化共同进步的社会，一个现代化的强国必定是经济、政治、文化、社会、生态协同发展的国家。二是文化对于维系一个社会的团结和睦来说是一种强大的精神力量。改善民生、公平公正、幸福指数、生活质量如果没有文化作为衡量尺度、显著标志，就无从谈起。三是文化已渗透到经济发展的全过程，已成为国民经济的重要组成部分。随着科技的进步和知识经济的迅猛发展，文化产业日益成为经济发展的基础资源，文化创新日益成为价值创造的重要支点，文化形态日益成为市场竞争的关键所在。只有当文化表现出比物质和货币资本更强大的力量的时候，当经济具有更多文化含量的时候，经济发展才能进入更高层次、更高水平，才能具有可持续发展的后劲。因此，我们要把文化建设作为现代化建设总体布局的重要组成部分，上升到战略位置。

其二，推动社会主义文化大发展大繁荣，必须认真把握文化的发展规律，自觉遵循文化建设的客观规律，走科学文化建设路径。文化有其自身的特性，同政治、经济一样，具有自身的发展规律。文化自觉，重要的是对文化的发展规律有理性的认识，并科学把握。文化的发展受经济基础和政治制度的影响，反映一定的社会政治经济背景。在不同社会发展时期，文化有不同的时代特征。文化内容丰富多彩，形式也多种多样，但在一定的社会发展时期，总有一种思想文化占据主导地位。当前推进我国文化建设，在多元文化发展中必须坚持弘扬主旋律。要坚持社会主义先进文化的前进方向，向着建设社会主义文化强国的宏伟目标阔步前进。文化需要历史的积累、长期的孕育。文化是人们情感的记忆、思维的习惯、精神的感悟，是人们历史的认知、观念的认同、理想的追求，需要长期的实践锤炼。中华文明、中华文化是中国社会五千年历史的沉淀。推进文化建设，既要继承传统，又要推陈出新；既要尊重历史，又要改革创新；既要有紧迫感，又要看到长期性、艰巨性，决不能急功近利，更不能采用疾风暴雨的运动方式来进行文化建设。

其三，推动社会主义文化大发展大繁荣，必须深刻认识文化建设的使命和责任，自觉承担起推动文化大发展大繁荣这一重大历史责任。只有自觉，才能勇于承担责任。我们要明确文化建设的使命，自觉担当下面的责任：一是必须自觉地用先进文化引领社会思潮，用先进文化促进和推动社会发展进步。二是义不容辞地把民族优秀文化发扬光大，有责任用民族优秀文化滋养民族生命力、激发民族创造力、铸造民族凝聚力，建设好中华民族的共有精神家园。三是自觉承担起保障人民文化权益和提高全社会文化生活质量的责任，让人民大众在先进文化的沐浴中生活得更加幸福。四是自觉承担提升国家文化实力的责任。没有文化的昌盛，就没有大国的崛起。我们要自觉兴起社会主义文化建设新高潮，提高国家文化软实力，发挥文化引领风尚、教育人民、服务社会、推动发展的作用。

其四，推动社会主义文化大发展大繁荣，必须有对独具特色、辉煌灿烂的中华民族文化的自信心和自豪感，进一步坚定我们的文化信念和文化追求。我们要坚信，中华民族上下五千年博大精深的传统文化，是中华民族最深层的精神追求，是中华民族最根本的精神基因，是中华民族独特的精神标识；源远流长、博大精深的中华传统文化是我们文化的根；其哲理智慧、理性价值和人文精神不仅为中华民族生生不息、发展壮大提供了丰厚滋养，也为人类文明进步做出了独特贡献。当然，我们也要认识到，受政治、经济等多元历史因素的局限，中国古代传统文化难免有糟粕，对中华民族的振兴有消极的影响，但与其博大精深的主体内容相比，显然是微不足道的。所以，我们要坚定中华民族传统文化的信念，广泛、充分地学习借鉴别国优秀文化，把我国传统文化中适应人类社会发展趋势的内容发扬光大，全面提高中华文化的国际影响力，推动社会主义文化大发展大繁荣。

二、加快乡村教育事业的发展

当前建设新农村，推动乡村社会经济的发展，不但要加强农民的思想道德建设，而且要促进乡村教育事业的发展，提高农民的科学文化素养。

第一，要加强乡村社会的九年义务教育，保证乡村社会适龄儿童的入学率。要进一步巩固和完善以县为主的农村义务教育管理新体制，建立健全农村义务教育经费投入机制，深化农村义务教育经费保障机制的改革。按照“明确分级责任、中央地方共担、加大财政投入、提高保障水平、分步组织实施”的基本原则，逐步建立中央和地方分项目、按比例分担的义务教育经费保障机制。在农村义务教育经费保障机制中，中央财政负责制定宏观政策以及给予贫困地区资金支持。省级政府统筹省、省以下各级政府的经费分担责任，合理安排中央财政的转移支付资金。县级政府要按照省级政府确定的比例承担经费。在此基础上，县级政府要多渠道融合资金，提高资金使用率，优化农村义务教育资源配置。

第二，要加强乡村社会的职业技术教育。推动职业技术教育向乡村纵深延伸。当前乡村社会结构中分化出两个主要阶层：农民劳动者和农民工人。通过乡村职业教育，开发农村的人力资源。职业教育和技能培训，使走出去的农民劳动力有较强的务工技能，留下来的农村劳动力能掌握先进的农业技术，增强农民适应工业化、城镇化和农业现代化的能力。地方政府要构建符合乡村实际的职业教育体系，将学历教育和职业培训相结合，多方面保证农民能够多渠道接受职业技术教育。职业学校必须面向市场，以就业为导向，服务“三农”；要提高教育教学质量，突出职业教育的办学特色，增强自身的吸引力。

第三，加大乡村教师队伍的建设力度。一是国家应建立中央财政和地方财政的联动机制，确保乡村中小学教师工资能够按照规定的标准及时、足额发放。二是县级政府应合理配置城乡教育资源，通过建立城乡学校对口支援等措施促使更多优质的教育资源流向农村，保证乡村中小学教师能够及时了解外来信息；各级政府还应组织好乡村教师的培训工作，通过多种途径提高乡村教师的整体素养。三是国家应出台相关的优惠政策，吸引更多的师范毕业生和社会上具有教师资格的人才到乡村任教，提高乡村教师的整体水平。国家还应积极组织开展乡村文化服务活动，鼓励大学生深入乡村从事教育工作，确保乡村文化服务活动的顺利开展。

三、加快乡村文化基础设施建设

要改变乡村文化设施落后的现状，就必须加强建设，结合城乡一体化和新农村建设的总体规划，构建乡村文化基础设施支撑体系，实现城乡文化统筹发展的目标。要坚持以政府为主导，以乡镇为依托，以村委重点，以农户为对象，建设县、乡、村公共文化设施和公共文化活动场所，构建乡村公共文化基础设施网络。整合社会各方力量，形成合力，并逐步建立起以规划为蓝本，政府为主导，社会力量广泛参与，农民主体意识较强，发展均衡、结构合理、服务周到、网络健全的乡村文化设施体系。

乡村文化设施建设是一项系统工程。建设前，政府需要广泛征求群众建议，组织专家考察评审。通过统筹规划，保证乡村文化设施建设工程具有前瞻性、现实性、实用性、科学性。要考虑文化活动场所的选定和规模是否与农村社区人口数量及分布相适应，文化器材的购买是否满足农民需求，建设资金投入和管理机制是否健全，乡村文化设施如何管理，考核机制是否建立等。要发挥政府的主导地位。政府不仅要加大公共财政对乡村文化设施建设的投入，建设布局合理、种类丰富、服务群众的硬件设施，还要充分发挥政府的人力、资源优势，加大对乡村文化设施建设的支持。政府的宣传、文化、体育、民政等部门和各类协会应根据自身的优势，延伸政府的服务职能，在乡村开展丰富农民生活的文化活动，加强乡村精神文明建设，满足农民对文化生活的需求，也使政府政策潜移默化地深入到社会组织结构的最底层。政府也可与社会力量紧密结合，通过多元化的投入和经营方式，整合社会资源，形成强大的合力。

经验告诉我们，政府在乡村文化设施建设中有大量工作需要做，政府也有能力去做。政府通过科学的规划，以较少的公共成本投入建设，最大限度地满足乡村文化建设要求。创新乡村文化服务机制，不断挖掘政府的服务潜力。不但可以组织丰富多彩的文化活动，拉近与群众的距离，还可提高政府的文化服务管理水平，使资源利用效率最高、社会文化效益最大、服务群众效果最好。经验告诉我们，只要建立起良好的机制，社会力量就会广泛参与乡村文化设施建设。通过赞助、捐赠、捐助、冠名、公办民营、民办公助等形式，社会力量参与乡村基础文化设施建设，以营利或非营利的方式开展文艺演出，创作更多更适合农民的文化节目，帮助乡村培养文化人才，培育和壮大民间文化团体，活跃乡村文化市场。

通过加强乡村文化基础设施建设，缩小城乡在基础设施方面的差距，形成乡村文化发展的长效机制。

第一，加强乡村教育基础设施建设，改善乡村教育条件。一是国家要增加全国农村义务教育阶段中小学校舍维修改造资金，加快农村中小学校舍改造。为保证实现“两基”目标，保障“两基”攻坚县扩大义务教育规模的需要，解决制约农村地区普及义务教育的瓶颈问题，中央和省级人民政府共同组织实施“农村寄宿制学校建设工程”。新建、改扩建一批以农村初中为主的寄宿制学校；同时，在合理布局、科学规划的前提下，加快对现有条件较差的寄宿制学校和不具备寄宿条件而有必要实行寄宿制的学校进行改扩建的步伐，使确需寄宿的学生能进入具备基本条件的寄宿制学校学习。二是国家要增加资金支持乡村中小学现代远程教育基础设施建设。三是国家要加强职业教育和农民培训基础设施建设。国家要加大对乡村职业教育的投资，帮助其改善办学条件，形成一批职业教育骨干基地和农民培训基地。

第二，加强基层文化馆、图书馆的建设。早年，国家发改委投资 4.8 亿元，用于扶持县级文化馆、图书馆设施建设，基本实现了“十五”期间县有文化馆、图书馆的建设目标。在此基础上，国家要继续增加对乡村文化基础设施的投资，坚持以政府为主导，以乡镇为依托，以村为重点，以农户为对象，发展县、乡镇、村文化设施和文化活动场所，构建乡村公共文化服务网络。

第三，加强乡村信息服务设施建设，提升乡村信息服务能力。国家要加快建设“三电合一”（电话、电视、电脑）的农业综合信息服务平台。在“十一五”期间，在乡村文化建设过程中，重点建设广播电视“村村通”工程——推进广播电视进村入户，充分利用无线、卫星、有线、微波等多种手段，为广大农村地区提供套数更多、质量更好的广播电视节目，全面实现 20 户以上已通电自然村通广播电视。

在加强乡村信息服务设施建设方面，一方面，国家和各地政府要考虑到农民的经济能力、文化程度和实际需求状况，实现农业信息服务方式的多元化发展，提供给农民能接受的信息服务方式；同时要协调各方农业信息服务资源，通过整合向农民提供高度实用的信息内容，充分发挥政府在农业信息化中的资源支持作用。另一方面，国家和各级政府也要探索适合农业信息化发展的合理的商业模式。农业信息资源的开发，不仅能够产生巨大的社会效益，而且能够产生巨大的经济效益。以商业化的手段来运营农业信息服务，通过引入专业公司，建立完善的信息采集指标体系，开发通用的信息采集软件，推行统一的数据标准，全面提升农业系统信息资源开发水平，满足农民多方面的信息需求。

繁荣社会主义乡村文化事业，开展乡村文化建设，最主要的是要有一支素养较高的乡村文化工作队伍。当前乡村文化工作队伍人才缺乏，队伍总体素养不高，已经影响了乡村文化建设事业的发展。所以，我们要根据新形势下乡村文化工作的新要求、新情况，采取措施保证乡村文化工作队伍人员的素养。

第一，进行乡村文化事业单位人事制度改革，建立完善的文化事业单位人员的任用制度。乡村文化事业单位在机构改革中要逐步建立和完善能上能下、能进能出的用人机制和科学合理的人事管理制度。根据当前实际情况，乡村文化事业单位要逐步采取单位人员聘任制度和岗位管理制度，保证不同类型的优秀文化工作人员都能脱颖而出，提高乡村文化工作队伍的整体素养。

第二，重视乡村文化艺术人才的规划、培训和开发工作。鼓励和支持优秀文艺人才通过竞争进人关键岗位。努力改善乡村文化艺术人才的工作和生活条件，为中青年优秀人才进修深造和参加各种地区间、国际间文化交流活动创造条件。采取必要措施，吸引、鼓励优秀文化艺术人才到基层文化机构工作。加快建设文化艺术人才社会化服务体系，积极培育乡村文化艺术人才市场，通过建立文化艺术人才库、推行文化艺术人才网络化管理等手段，促进人才资源合理配置和有序流动。乡村社会中有大量有独特手艺的民间文化艺人，要尽量吸收他们到乡村文化工作队伍中来。这样不仅能够保证民间文化的传承性，而且能够充分发挥民间优秀文化资源的作用。

第二节　开展乡村社区文化建设

当前乡村文化建设的目的就是满足人民群众的精神文化需求，从而达到人的素养的全面提高。随着乡村社会中人民物质文化生活水平和受教育程度的不断提高，群众已不再满足于被动地接受文化，单纯地欣赏文化，而是要求主动参与各种文化形式的实践。为了满足群众的这种文化参与需求，这就需要加强乡村社区文化建设。

社区文化是社区成员为保护、改善聚居地的条件、形态、氛围，并使自己与之相融而形成的精神活动、生活方式和行为规范的总和。因而，社区文化建设是一项复杂的工程，它包括社区的休闲文化、体育文化、科教文化、道德文化、生态文化、网络文化等，精神文化是社区文化的核心，其主要表现为社区成员的道德观和价值观。乡村社区文化建设也要从多方面入手，重塑乡村社区成员的道德观和价值观，尽快推动乡村文化建设。

一、开展丰富多彩的乡村社区文化活动

丰富多彩、形式多样的乡村社区文化活动是乡村文化繁荣的重要标志。乡村居民要利用街道文化活动中心、文化活动室、文化广场等现有设施，组织开展丰富多彩的乡村社区文化活动。

第一，开展多种形式的群众文化活动。群众文化活动要坚持文化大众化的方向，以满足乡村广大农民群众多样化的文化需求为目标，充分利用乡村的各种文化资源，为农民提供更多更优质的文化产品和服务。乡村文化活动要广泛发动和组织农民群众参与到各项文化活动中来，把重大节庆文化和日常文化活动结合起来，组织花会、灯会、赛歌会、文艺演出、劳动技能比赛等农民喜闻乐见的文化活动，让农民在休闲娱乐中受到教育、受到启发。乡村文化建设还应紧密结合农民脱贫致富的需求，组织科技文化工作者下乡，服务“三农”，为农民送去先进实用的农业科技知识，宣传普及卫生保健常识。群众文化活动应积极引导广大农民群众学文化、学技能，提高农民的思想道德水平和科学文化素养，形成文明健康的生活方式和社会风尚。加强乡村文化建设，应积极创新乡村文化活动的形式，从农民实际出发，构建新农村的文化基础。

第二，充分利用乡村传统文化资源，发展乡村乡风文化。乡村文化建设要积极发展具有民族传统和地域特色的剪纸、绘画、陶瓷、泥塑、雕刻、编织等民间工艺项目，戏曲、杂技、花灯、龙舟、舞狮舞龙等民间艺术和民俗表演项目；逐步建立科学有效的民族民间文化遗产传承机制。这些优秀的民间文化对于繁荣乡村文化市场、丰富乡村文化内容、丰富农民的精神文化生活具有重要的意义。在传承文化资源的同时，充分利用民间艺术资源，实施特色文化品牌战略，建立具有地方特色的

文化村落，发展、创新民间文化资源，推动乡村文化建设。

第三，丰富人民的精神文化生活。让人民享有健康丰富的精神文化生活，是全面建成小康社会的重要内容。要坚持以人民为中心的创作导向，提高文化产品质量，为人民提供更多更好的精神食粮。坚持面向基层、服务群众，加快推进重点文化惠民工程，加大对乡村和欠发达地区文化建设的帮扶力度，继续推动公共文化服务设施向社会免费开放。建设优秀传统文化传承体系，弘扬中华优秀传统文化。推广和规范使用国家通用语言文字。繁荣发展少数民族文化事业。开展群众性文化活动，引导群众在文化建设中自我表现、自我教育、自我服务。开展全民阅读活动。加强和改进网络内容建设，唱响网上主旋律。加强网络社会管理，推进网络规范有序运行。开展“扫黄打非”，抵制低俗现象。普及科学知识，弘扬科学精神，提高全民科学素养。广泛开展全民健身运动，促进群众体育和竞技体育全面发展。

二、发展公益性民间组织，增强乡村凝聚力

凝聚力是维系一个集体或社会的重要力量，也是集体和社会发展的重要力量。目前我国的乡村凝聚力薄弱，或者说还未形成乡村凝聚力。因此，在新时期下，尤其是在构建和谐社会的大背景下，增强乡村凝聚力显得格外重要。培养乡村凝聚力的根本就是要培育乡村精神，增进人们之间的互助合作意识。对此，乡村社区居民可以建设各种民间公益性组织（如老年协会、妇女协会等），把长期持有家庭本位思想和离散心态的人重新组织起来；在增进乡村群众相互了解的基础上，适当开展一些公益性活动，逐步培养群众之间的和谐关系；必要时还可以发挥集体的力量，培养组织成员对集体的归属感，进而使全体村民产生一种对本村本土的归属感。如老年协会的成立要本着从公益入手，从着力乡村公共生活空间的培养入手。老年协会可以定期组织老年人集中开会、聊天谈心、学习知识并开展适

合老年人自己的娱乐活动。这一方面能够维护老年人的合法权益，充实老年人的精神生活，达到老有所乐、老有所养、老有所获的目的；另一方面，能够使老人与老人、老人与子女之间的关系变得融洽起来。这便又增强了和谐因素，增进了凝聚力。这所有的一切都在无形中加强了村民之间的联系，培养了乡村精神，使乡村的思想、观念、情感、习俗等精神文化生活方面都有了长处，增进了乡村凝聚力。

三、开展乡村社区文艺活动

文艺，作为文化一个不可或缺的部分，在乡村社区文化建设中也起着非常重要的作用。各种文艺活动的开展有助于改善村民的精神风貌，丰富村民的日常生活，满足村民的精神需求。在节日时开展文艺活动可以增添节日的喜庆气氛，给现在处于一潭死水状态的乡村增添许多乐趣和新意，调动村民的积极性，提高村民对公共生活的参与程度。另外，也可以利用文艺活动，宣传一些好的方针政策，弘扬优秀的中华民族传统美德，进而改变不良的社会风气。针对目前乡村文化生活方面的现状，我们提出了组建乡村文艺队的想法。文艺队，作为一种民间公益性组织，可吸收社区中具有文艺特长的人员，并根据每人的兴趣和爱好，组建几个常规的文艺活动，以便在节日时开展。同时，文艺队还可以根据村民的口味，开发一些新项目。此外，妇女协会、老年协会也可以与文艺队联合，共同开展为本村群众所喜爱的精神文化活动。

四、注入现代文化新鲜血液，使社区文化与时俱进

社区文化活动虽然类型多样，但有一点是共同的：开展文化活动要有特色。尤其是乡村社区文化活动，必须有利于引导群众参与。如在冬季闲暇时，组织协调社区居民协作开展全民健身登山、风光摄影、戏曲、秧歌和现代舞比赛等一系列活动。另外，在社区建设中，将文化内涵较高的民间艺术资料提供给设计部门参考，以提高文化品位。例如将奇山怪石、溪流瀑布

等人造景观与矗立在社区的石碑、名人手迹等人文景观结合起来，形成旅游、休闲、文化品评一条龙服务体系。其次是挖掘民间艺术，为社区文化建设服务。如将根据民间传说，经整理和润色编纂成的民间故事、说唱、歌舞等编成剧目，在社区文艺活动中演出，并打印成册向游人推介，既增加了社区文化活动内容，又扩大了景区的知名度。又如，将富有地方色彩的秧歌和民间戏曲等艺术，经大胆的加工和提炼后，作为特色文化精品，定期去景区演出，供游客欣赏，以其特色形象招徕和吸引游客。通过社区文化这个媒介，把深藏在民间的文化艺术充分地挖掘和展现出来。

第三节　健全乡村文化市场体系

加强乡村文化建设，大力发展乡村文化事业和文化产业，就必须建立完备的乡村文化市场体系。

一、繁荣乡村文化市场

各地区要根据经济、社会和文化发展的实际，制定乡村文化市场建设、发展和管理规划，逐步建立与当地经济和社会发展水平相适应的内容丰富、健康规范的文化市场，生产、创新高质量的乡村文化市场产品。

第一，培育多元化的乡村文化市场主体。各地政府要根据国家政策规定，积极推进经营性文化事业单位转制，合理确定产权归属，明确出资人权利，形成一批坚持社会主义先进文化发展方向、有较强自主创新能力和市场竞争能力的国有文化企业主体。同时，各地政府也要及时调整市场准入政策，广泛吸收民营、个体、外资等非公有制经济参与乡村文化市场建设，积极培育多元化的乡村文化市场主体。

第二，多方面开发乡村文化市场。各地政府要加强对乡村文化市场的政策调控，按照普遍服务原则，运用市场准入、财税优惠等政策，引导各类市场主体在出版物发行、电影放映、文艺表演、网络服务等领域积极开发乡村文化市场。各地政府要根据自身经济发展水平，支持农民群众自筹资金、自己组织、自负盈亏、自我管理，兴办农民书社、电影放映队、民间剧团等各种农民文化团体。各地政府还要根据自身特色，鼓励开发具有民族传统和地域特色的剪纸、绘画、陶瓷、泥塑、雕刻、编织等民间工艺项目，支持乡村民间工艺美术产业的发展。各地政府要通过各种有效的调控手段，把发挥市场机制的积极作用和构建乡村公共文化服务体系有机结合起来，努力使广大农民群众享有更加丰富、质优价廉的文化产品和服务。

二、加强乡村文化市场的管理

加强乡村文化市场的建设，管理是保障。各地文化管理部门要坚持“一手抓繁荣、一手抓管理”的方针，大力加强乡村文化市场的管理。各地文化部门要充实县级文化市场行政执法队伍，充分发挥乡镇综合文化站的监管作用，健全乡村文化市场管理体系。各地文化部门要完善文化市场的政策法规，深化行政审批制度改革，落实行政执法过错责任追究制，提高对乡村文化市场的依法行政能力。重点加强对乡村社会文化市场演出娱乐、电影放映、出版物印刷和销售等方面的管理，坚决打击传播色情、暴力、封建迷信等违法活动。地方各级人民政府要加强文化市场的管理机构和稽查队伍建设，落实人员编制和日常工作所需经费，采取培训等方式来不断提高执法队伍的业务素养和执法水平。各地文化管理部门要着眼于建立乡村文化市场的长效监管机制，大力推动乡村文化市场的电子政务和网络监控平台建设，建立现代化的乡村文化市场监管机制，确保乡村文化市场健康有序发展。

三、大力发展乡村文化产业

当前随着乡村社会经济的发展、农民生活水平的提高，农民除了满足最基本的生活需求之外，已经具备了进行文化市场消费的经济能力，但是当前乡村文化产业发展相对落后，不能满足农民的精神文化需求。因此，当前加强乡村文化建设，要大力发展乡村文化产业，繁荣乡村文化市场，满足农民群众增长的文化需求。要发挥市场机制作用，加强政策调控，积极发展文化产业，充分调动社会各方面力量参与乡村文化建设，提供更多更好的文化产品和服务。重点抓好文化产业体系建设，重塑市场主体，优化产业结构，确定重点发展的产业门类，培育文化产品市场和要素市场，形成以公有制为主体、多种所有制共同发展的文化产业格局。

第一，深化乡村文化体制改革。在市场经济机制的作用下，要建立市场化的乡村文化资产管理机制，通过乡村文化市场的进一步开放，建立起真正的现代企业和事业制度，实行规范的市场准入和退出制度，建立一批具有市场竞争力的乡村文化企业。运用市场经营和管理制度，大力发展乡村文化市场。

第二，壮大乡村文化产业主体。在国际文化市场大环境中，文化的竞争说到底是文化主体的竞争，因而要壮大乡村文化产业主体，使之在市场竞争中更具优势，更好地满足人民群众多样的文化需求，更好地推广和传播中华民族的优秀文化，更好地提高我国文化产业的国际竞争力。

壮大国有文化主体。随着国有文化单位改制的深入，国有文化主体将直接面对市场。由于传统惯性的影响，其需要有适应市场环境的过程。政府可通过扶持政策，帮助国有文化主体渡过转型期；可通过新建、改造、委托经营、租赁等形式，为改制企业提供相对固定的演出场所；可通过文化产业发展资金予以支持。有条件的地方可建立文化艺术发展基金，采取项目补贴、定向资助、贷款贴息和以奖代补的办法，加大对改制企业的资金扶持力度，完善税收减免政策，有效调动社会力量资助改制企业的积极性。可通过重组、合并、股份等多种形式，整合国有文化资源，实现优势互补，把文化企业做大做强。

壮大国内非公有制文化主体。非公有制更能适应文化市场的竞争，但长期以来面临资金不足和政策歧视的问题。政府及金融组织要加大对国内非公有制文化主体的支持。政府应制定公平的文化政策，使非公有制文化主体和国有文化主体具有同等的竞争平台，在项目审批、资质认定、融资等方面享受同等待遇。政府应进一步放开除涉及国家安全的其他文化产业领域，通过财政补贴、贴息、税收优惠等措施促进非公有制文化主体的壮大。金融组织应积极开发适合文化产业特点的信贷产品，加大有效的信贷投放；完善授信模式，加强和改进金融服务；积极培育和发展文化产业保险市场；大力发展多层次资本市场，扩大非公有制文化主体的直接融资规模，对有发展潜力、信誉度高、具有创新能力、产生良好社会经济效益的非公有制文化主体加大金融扶持力度。

壮大城乡文化社团组织。城乡文化社团组织具有行业性、地域性、灵活性、公益性等特点，可以与国有文化主体、非公有制文化主体相得益彰，共同发展繁荣中国文化产业。文化社团组织由于自身“造血”能力较差，面临着资金紧张和技术、人才落后等问题。在壮大城乡文化社团组织问题上，政府应承担更多的责任。对于公益性较强的社团组织，可设立专项资金，成立文化基金组织，更新社团组织文化器材、设施，培训素养更高的文化人才，鼓励社团组织文化创新；对于具有营利性质的社团组织，政府可通过贴息、减税、补助等措施，减轻其经济负担，支持城乡社团组织的建设。通过捐助、赠送、冠名等形式，鼓励企业和个人对社团组织的资助。

第三，加大乡村文化市场人才的培养。政府有关部门要通过各级文化产业人才培训基地，积极推动文化产业理论的研究，加强对文化产业人才的培训，培养出一支高素养的乡村文化产业人才队伍，推动乡村文化产业的可持续发展，促进乡村文化建设的产业化。

近年来，中央政府对文化产业的发展越来越重视，出台了一系列政策措施，鼓励和支持文化产业的发展壮大。2009 年，国务院出台了《文化产业振兴计划》。这是国家层面第一次对文化发展做出的规划。同年，文化部出台《文化部关于加快文化产业发展的指导意见》等配套政策。在政府和社会各界的关注和支持下，文化产业快速发展，呈现了欣欣向荣的景象，繁荣了文化市场，增强了国际竞争力。据统计，2004 年以来，全国文化产业增长速度在 15%以上，比同期 GDP 增速高 6%，保持了高速增长的势头。2009 年上半年，我国文化产业增速达到 17%，大大高过了 GDP 及第三产业增长速度。因此，我们要引入竞争机制，推动公共文化服务社会化发展。

第四节　完善乡村文化建设的制度保障

乡村文化建设覆盖整个乡村社会，是一项系统的复杂工程。需要加强各级组织的领导，建立健全有效的机制，给乡村文化建设提供制度保障。

一、加强党和政府对乡村文化工作的领导作用

现阶段，加强乡村文化建设，必须加强党对乡村文化建设的领导作用。邓小平指出，“在中国这样的大国，要把十几亿人口的思想和力量统一起来建设社会主义，没有一个由具有高度觉悟性、纪律性和自我牺牲精神的党员组成的能够真正代表和团结人民群众的党，没有一个党的统一领导，是不可能设想的。那就只会四分五裂，一事无成”。在现阶段国际、国内形势复杂多变的情况下，更要加强党对乡村文化工作的领导，确保党在乡村文化建设中的领导地位。

第一，加强党委的领导作用。各级党委要把乡村文化建设纳入重要议事日程，在遵循文化自身的特点和发展规律、适应社会主义市场经济发展的要求基础上，制定乡村文化发展的切实可行的工作计划，并且要建立健全基层文化单位的评价机制，将服务农村、服务农民情况作为文化单位工作的重要考核内容，确保乡村文化建设各项目标任务的实现。

第二，重视政府在乡村文化建设中的引导作用。政府要加

强对文化产品题材的选题规划和内容建设，加大对乡村题材重点选题的资助力度，把乡村题材纳入舞台艺术生产、电影和电视剧制作、各类书刊和音像制品出版计划，保证乡村题材文艺作品在出品总量中占一定比例。政府要加大对乡村文化宣传的资金投入。中央和省级党报、党刊、电台、电视台要加大农村和农业报道的分量，增加农村节目、栏目和播出时间。各地电视台和电台都要把面向基层、服务“三农”作为主要任务，重视农业、农村节目的质量，挑选符合农民实际和农民亟须的农业科技知识和卫生保健知识。政府要加强“三农”读物的出版工作；开发、出版适合农村经济社会发展，农民买得起、看得懂、用得上的音像制品和图书等各类出版物。要实施“送书下乡工程”，重点向西部地区国家扶贫开发工作重点县的图书馆和乡镇文化站、乡村文化室配送图书，保证农民有书读。

第三，积极发挥党员干部的模范带头作用。邓小平指出，“在长期的革命战争中，我们在正确的政治方向指导下，从分析实际情况出发，发扬革命和拼命的精神，严守纪律和自我牺牲的精神，大公无私和先人后己的精神，压倒一切敌人、压倒一切困难的精神，坚持革命乐观主义、排除万难去争取胜利的精神，取得了伟大的胜利。搞社会主义建设，实现四个现代化，同样要在党中央的正确领导下，大力发扬这些精神”。党员干部要充分继承我国革命战争的优秀文化精神资源，在当前构建社会主义和谐社会过程中要大力发扬、创新，使其成为乡村文化建设丰富的文化资源。基层政权中党员干部的服务对象是广大的农民群众。如果党员干部能够以身作则、严于律己，以全心全意为人民服务为工作宗旨，自觉实践“八荣八耻”的社会主义荣辱观，就能在群众当中起到表率作用，能够用实际行动号召群众团结起来，赢得群众的拥护、支持，就能充分调动群众参与乡村文化建设的热情。

二、加强乡村文化法制建设

法治也是乡村文化建设的重要保障。当前乡村社会处在传统向现代的转型期，乡村社会共同体逐步解体，而乡村社会新的共同核心价值体系还未形成。“由乡村到城市的转变，用社会学的术语来说，就是从共同体到社会的转变。具体而言，共同体是由熟人组成的，认可共同的道德原则；社会是由陌生人组成的，缺乏共同的道德原则来维系，因此必须强调法治的重要性。”因此，在当前的乡村文化建设中，必须加强法治的保障作用，使乡村文化建设沿着法制化、规范化的轨道前进。邓小平明确指出，“真正要巩固安定团结，主要的当然还是要依靠积极的、根本的措施，不单要依靠发展经济、发展教育，同时也要依靠完备的法制。经济搞好了，教育搞好了，同时法制完备起来，司法工作完善起来，可以在很大程度上保障整个社会有秩序地前进”。因此，必须要加强乡村法制建设，保证乡村文化建设有秩序地进行。

第一，要加强文化立法。在立足我国国情的基础上，借鉴国外有益经验，加快文化立法步伐，抓紧研究制定非物质文化遗产保护法、图书馆法、广播电视传输保障法、文化产业促进法、电影促进法和长城保护条例。抓紧修订出版管理条例、印刷业管理条例、音像制品管理条例、广播电视管理条例。国家加快文化立法工作，保障乡村文化工作有法可依。

第二，在乡村社会要深入开展文化法制宣传教育，做好普法宣传工作，增强农民的法制观念，提高农民依法维护文化权益的自觉性。各地政府部门要定期开展“法律知识下乡”活动，定期开展法律援助工作，提高农民的法律意识和依法办事的自觉性。

第三，加强对乡村执法活动的监督，规范执法人员的执法行为。各级政府要通过各种培训渠道提高乡村执法人员的文化水平和法律素养，增强执法人员的为民服务意识。各级政府还要建立有效的规范、约束机制，规范乡村执法人员的执法行为。

第四，加大对乡村社会违法犯罪活动的打击力度。各级政府和司法部门要严厉打击乡村社会的各种违法犯罪活动，坚持开展禁毒、禁赌斗争，保证乡村社会良好的社会环境，保证乡村社会稳定。只有乡村社会稳定，才能保证乡村文化建设的顺利进行。

三、建立多元化的乡村文化资金投入渠道

资金问题是乡村文化建设的难点问题。乡村文化建设耗资大、费时多，仅仅靠国家财政投入是远远不能解决问题的。需要多方筹集资金，建立多元化的乡村文化资金投入渠道。

第一，各级财政部门要统筹规划，加大对乡村文化建设的投入，扩大公共财政覆盖乡村的范围，不断提高财政资金用于乡镇和村的比例。国家要保证一定数量的中央转移支付资金用于乡镇和村的文化建设，加大对乡村文化基础设施的投资建设。中央和省、市三级要设立乡村文化建设专项资金，通过专款专用、专款配套、直接到村或农户等方式，确保乡村重点文化建设的资金需求。

第二，国家要制定政策，鼓励社会各界尤其是企业为乡村文化建设投资。当前乡村社会文化产业具有很大的潜力。社会各界力量应坚持市场化运作方式，大力投资乡村文化产业，使双方共同受益。通过这种方式，社会各界尤其是企业获得了经济效益，乡村文化建设也获得了发展所需要的资金。国家要制定相应的税收政策，吸引和鼓励社会力量兴办公益性文化事业。

第三，乡村文化建设事业要保持可持续发展，最重要的是要建立自身资金积累的渠道。乡村文化建设要大力发展乡村文化产业，实现乡村文化产业化。发展文化产业化是社会主义市场经济的客观要求，因此乡村文化建设要按照市场运行机制搞好文化产业化发展的规划，培养文化产业增长点，大力发展文化产业，在坚持社会效益第一的前提下，实现社会效益和经济效益的统一。

第四，规范资金投入管理机制。统筹城乡文化建设需要政府财政和社会资金的充分投入。良好的资金投入管理机制不仅

可以保障投入资金的充分利用，还可吸引社会资金对统筹城乡文化建设的投入，形成良好的资金投入氛围，促进统筹城乡文化建设的发展。首先，要健全政府对统筹城乡文化建设的持续投入机制。随着社会经济的发展、人民群众对文化需求的不断增长，各级政府越来越重视城乡公共文化事业的投入和文化产业的培养，并把发展文化产业作为拉动经济增长的重要手段。各级政府应制定严格的文化投入政策，将文化事业投入与GDP增长速度、政府预算、政府财政支出挂钩，并明确所占的比例。文化事业投入要与GDP增长保证相应的速度，占政府预算和政府财政支出的比例要稳定，不能出现绝对投入增加、相对投入倒退的现象。政府财政对各项文化事业建设要合理分配，对乡村文化事业建设要有所倾斜，保证资金分配的科学性和透明性。同时，还要明确各级政府在财政投入中所应承担的比例，防止出现相互推脱、相互扯皮的现象，并建立完善的资金投入考核机制，保证文化事业建设资金到位。针对文化建设中的重点工程，设立文化发展专项资金，如城乡文化资源信息共享工程的建设由专项资金予以支持；建立专项资金跟踪问效制度，对专项资金使用情况进行跟踪反馈，检查资金使用效果。当前文化投入不足和浪费现象并存。其次，在增加财政投入的同时，要加强财政资金的使用管理和监督。实施部门预算，进一步提高财政资金分配使用的科学性和资金分配的透明度。建立健全文化投入财政制度。凡是有财政资金运行的地方，要有相应的制度约束。对文化资金使用进行监督。除了财政部门、审计部门直接监督外，还要充分发挥主管部门、社会中介机构和人民群众的作用，落实事前、事中、事后监督，将日常监督和重点监督相结合，建立文化资金投入使用绩效评价体系和监控机制，杜绝和防止贪污、挪用、浪费行为发生，使有限资金真正发挥最大的使用效益。再次，在确保政府财政对城乡文化事业投入的主体地位的基础上，鼓励社会力量和社会资源参与城乡文化事业建设，完善多元化的投入机制，建立健全社会资金投入管理机制。实施优惠的文化经济政策，调动社会力量对文化事业投入的积极性，建立完善多渠道筹资、多种投入主体、多种所有制形式的文化事业投融资机制，增加文化事业投入。建立文化投资监控体系，实时监控文化资金的流向，引导社会资源投向。出现投资错误时，政府及时给予指导，防止社会资源的浪费，保证社会资金投入的可控性。政府制定具体的财政政策，通过贴息、补助等措施，对民间文化团体和组织建设给予资金支持，培育农民自己的文化团体和组织。

第五，引导社会对文化建设的投入。我国文化产业发展具有起较晚、规模小、技术落后等特点；与国外文化产业发展相比，仍有很大差距。推动文化产业的发展，政府要发挥主导作用，积极引导社会参与文化产业建设，扩大社会参与文化产业发展的行业领域，拓宽融资渠道，进一步繁荣我国文化市场，提升我国文化产业的国际竞争力。

长期以来，我国文化事业具有计划经济体制的浓厚色彩。政府参与文化建设的各个领域，混淆公共文化事业和收益性文化业的关系，因而出现了角色失位、管理混乱、政府垄断等现象。近年来，政府不断放开文化产业领域，让非公有制经济更广泛地参与文化事业建设。2009 年，我国出台了首个文化产业投资指导目录——《文化部文化产业投资指导目录》。该文件把文化产业划分为鼓励类、允许类、限制类和禁止类等四类，方便国内投资主体了解文化产业发展的方向，引导社会投资政府鼓励的文化产业。鼓励类主要是针对具有良好的经济和社会效益、市场前景好、技术含量和附加值高、有利于产业结构优化升级及能够扩大内需、增加就业、扩大文化产品出口的产业。对于鼓励类文化产业的投资，政府将提供相应的优惠政策。《文化部文化产业投资指导目录》的出台，明确了国内资本投资的方向，起到了很好的引导效果，但也应看到政府对一些文化产业领域进行限制。比如，国内资本主体不得投资国内大型动漫游戏会展、大型文化活动等领域。国外资本主体投资领域与国内资金主体投资领域相比，制约性更大。因而，在保证国家安全的前提下，要进步一放开非公有制经济体对文化产业的投资领域。只有良好的竞争才能促进行业的健康发展，才能促进文化产业的大发展大繁荣。

政府不但要对社会投资文化产业领域进行指导，也要对社会资本进行引导。对于文化产业投资、融资体制，国外具有较为成熟的体系，我国在吸收国外经验的基础上形成我国较为完善的文化产业投资、融资体制。2010 年，中央宣传部、中国人民银行等九部门下发《关于金融支持文化产业振兴和发展繁荣的指导意见》。该文件对金融支持文化产业振兴和发展繁荣提出了指导意见，政府鼓励银行通过完善授信模式、扩大融资渠道、培育和发展文化保险市场等形式加大对文化产业的支持。同时，政府要运用财政预算补助、财政贴息等财政手段，引导社会资金投向文化事业；要实行更合理优惠的税收政策，鼓励社会企业单位、海外华人华侨甚至外资企业投资文化事业；鼓励文化事业单位采取股份合作、联营、重组、合资经营等方式发展文化事业，加快文化事业产业化步伐，吸引更多的资金投向文化建设。可成立文化事业发展基金会，建立健全文化奖励措施，调动各方积极性，奖励对城乡文化建设做出突出贡献的单位和个人，奖励对文化事业发展做出创新和创作贡献的单位和个人。

主要参考文献

费孝通. 2006. 乡土中国 [M]. 上海：上海人民出版社.

杰佛里·萨克斯. 2007. 贫穷的终站——我们时代的经济可能 [M]. 上海：上海人民出版社.

金耀基. 1999. 从传统到现代 [M]. 北京：中国人民大学出版社.

彭飞龙，陆建锋，刘柱杰. 2015. 新型职业农民素养标准与培育机制 [M]. 杭州：浙江大学出版社.

孙君，王佛全. 2006. 王山模式——走向生态文明 [M]. 北京：人民出版社.

孙君. 2011. 农道 [M]. 北京：中国轻工业出版社.

王红星. 2009. 我国农村社区文化建设对策探讨 [J]. 现代商贸工业 (5)：48-49.

余达亮. 2009. 试论群众文化在农村建设的重要地位 [J]. 大众文艺 (16)：227.

余新华. 2015. 民风民俗 [M]. 合肥：黄山书社.